Beobachtungen

über den Scorbut

vorzüglich in

pathologisch-anatomischer Beziehung

von

Dr. G. v. Samson-Himmelstiern,
Ober-Arzt am Alexander-Cadetten-Corps zu Brest-Litowski.

Berlin.
Verlag von Veit & Comp.

1848.

Seine verehrten Freunde

die Herren

Dr. A. v. Kyber,

K. Russ. Staatsrath, Medicinal-Inspector des Kriegshafens von Kronstadt, Ober-Arzt des See-Hospitals daselbst, correspondirendes Mitglied der Akademie der Wissenschaften zu St. Petersburg, Ritter des St. Annen-Ordens 2r Kl. mit der Krone, des St. Stanislaus-Ordens 2r Kl., des St. Wladimir-Ordens 4r Kl., des Griechischen Erlöser-Ordens, und Inhaber der Medaille für den Russisch-Türkischen Feldzug von 1828 und 1829 u. s. w.

und

Dr. J. Rambach,

K. Russ. Collegienrath, Medicinal-Inspector des Kriegshafens von St. Petersburg, Ober-Arzt des ersten See-Hospitals daselbst, Mitglied der Gesellschaft Deutscher. und der Gesellschaft correspondirender Aerzte zu St. Petersburg, Ritter des St. Wladimir-Ordens 4r, und des St. Annen-Ordens 3r Kl., Inhaber der Medaille für den Russisch-Türkischen Feldzug von 1828 und 1829.

grüsst mit dieser kleinen Schrift

der

Verfasser.

Vorwort.

Während meines mehrjährigen Dienstes in den Hospitälern und auf Schiffen der R. K. Baltischen Flotte, hatte sich neben Anderem auch eine Menge von Beobachtungen über den Scorbut angehäuft, so dass ich glaubte, einmal das Material ordnen, und das Brauchbare zusammenstellen zu müssen. Es ergab sich dabei, dass es vorzüglich Eine Richtung war, welche bis jetzt, trotz der so zahlreichen Arbeiten über den Scorbut, mehr oder weniger vernachlässigt war, nämlich die pathologisch-anatomische. In dieser Beziehung revidirte ich dann hauptsächlich das Gesammelte, und glaubte um so mehr abschliessen und zu einer Bekanntmachung schreiten zu dürfen, da veränderte Dienstverhältnisse mich von dem früheren Schauplatz meiner Thätigkeit abriefen und in eine Gegend führten, wo ich weniger Gelegenheit finde, die Beobachtungen gerade über den angegebenen Gegenstand fortzusetzen, so gern ich auch sonst durch fortgesetzte Forschungen noch Manches berichtigt und vervollständigt hätte. — Man wird vielleicht ungern in der vorliegenden Abhandlung Resultate der Mikroskopie und Chemie vermissen, die in neuerer Zeit fast unentbehrlicher Bestandtheil jeder medicinischen, vorzüglich aber anatomischen und pathologisch-anatomischen Schrift geworden sind. Zu beiden fehlte es mir an Hülfsmitteln und Zeit. Ich habe, wo möglich, diesen Mangel aus betreffenden Beobachtungen Anderer zu ergänzen gesucht. — Die genauere Nosographie der Krankheit als Totalität, die Aetiologie, die Prophylaxis, die Therapie, glaubte ich um so eher übergehen zu dürfen, da alles Practische und auch das Neuere in dieser Beziehung sich in der Abhandlung des Dr. Krebel über die Erkenntniss und Heilung des Scorbuts. Leipzig bei L. Voss, 1838 vorfindet. Reichhaltig an Beobachtungen und Leichenöffnungen und für mehrere Abschnitte der vorliegenden Abhandlung ergänzend, ist die mir aus dem Manuscript bekannte Schrift meines Vetters, Dr. W. v. Samson, welche gleichzeitig mit der meinigen erscheinen soll.

Brest-Litowski im Juli 1843.

Der Verfasser.

Inhalt.

Seite.

I. Veränderungen, welche der Scorbut hervorbringt. 1) In den verschiedenen Geweben. *A.* Veränderungen in der Haut 4

B. Veränderungen im Zell- und Fettgewebe unter der Haut und zwischen den Muskeln 15

C. Veränderungen in den Muskeln 26

D. Veränderungen in den fibrösen Gebilden 26

E. Veränderungen in den Knochen 27

F. Veränderungen, welche der Scorbut in den Schleimhäuten bedingt 34

G. Veränderungen auf den serösen Häuten 45

H. Veränderungen des Drüsengewebes 87

I. Veränderungen des Nervengewebes 90

K. Veränderungen des Gefäss-Systems 92

2) Veränderungen in den Eingeweiden. *A.* Veränderungen in den Lungen 92

B. Veränderungen in der Milz 96

C. Veränderungen in der Leber, Nieren u. s. w. 99

D. Veränderungen in dem Auge 101

3) Flüssigkeiten. Veränderungen des Blutes 105

4) Excrete. Veränderungen des Harnes 111

5) Ueber den Zustand der Functionen im Scorbutischen. Psyche 112

II. Schlussbemerkungen 113

III. Krankheitsgeschichten und Sectionsberichte. 114

Es gab eine Zeit, in welcher der Scorbut auf dem Wasser und dem Lande eine noch grössere Rolle spielte als jetzt. Es war die Zeit, wo man anfing, weite Seefahrten zu unternehmen, ohne durch die Erfahrung belehrt zu sein, wie man sich gegen die mit dem längern Aufenthalt auf den Meeren verknüpften Gefahren für die Gesundheit, schützen konnte, — es war die Zeit, wo Landheere in lange dauernden Feldzügen sich den verschiedensten klimatischen Einflüssen aussetzten, ohne die Schutzmittel gegen dieselben zu kennen. In unseren Tagen, wo die Erfahrung von Jahrhunderten zu Gebote steht, und prophylactische sowohl als diätetisch-therapeutische Mittel zur Verhütung einer der zerstörendsten Krankheiten benutzt werden können, finden wir den Scorbut seltner auf dem Terrain, welches in früheren Zeiten die bei weitem häufigste Gelegenheit zur Beobachtung darbot, — sondern vorzüglich dort, wo ihn stationärer Krankheitsgenius, endemische Einflüsse oder epidemische Herrschaft erzeugen, obzwar auch selbst die endemischen Einflüsse in manchen Gegenden durch Entwässerung, Dünnungen, Cultur des Bodens, bessere Wohnungen, überhaupt verbesserte Hygieine, in ihrer Wirksamkeit geschwächt sind, wie namentlich an der Nordsee, und einem grossen Theil der Ostseeküste, an welchen früher der Scorbut so ausgebreitet geherrscht und so manche Beobachtungen und Beschreibungen hervorgerufen hat.

Die ausserordentliche reiche Literatur über den Scorbut bietet uns ausserdem eine überaus grosse Zahl von Beobachtungen dar, und es fehlt in ihnen nicht leicht eine der noch gegenwärtig bekannten und angetroffenen Formen und Erscheinungen dieser Krankheit. — Auch fehlt es nicht ganz an Leichenöffnungen, die aber meist nur von dem aufgelösten Zustande der Gewebe und Säfte sprechen, indem die Beobachter bei Beurtheilung der ganzen Krankheit vorzüglich nur diesen im Sinne hatten. Als Ursache der Erscheinungen oder Wesen der Krankheit ward denn bald eine Entmischung und veränderte chemische Beschaffenheit der Säfte, vorzüglich des Blutes, bald eine Alienation der vitalen Kräfte angesprochen, bald Beides gemeinschaftlich. Das in die Augen Fallende, die Auflösung der festen Theile, ihr Zerfallen gleichsam, die Anschoppung und Aussonderung blutiger, blutig-seröser, und blutig-jauchiger Flüssigkeit in allen ergriffenen Gebilden, auf der einen, — so wie die meist begleitende Erschöpfung der physischen und moralischen Kraft auf der andern Seite, begründeten vorzüglich diese Ansichten.

Die pathologische Chemie, so thätig sie in unseren Tagen im Analysiren pathologischer Produkte ist, — die pathologische Anatomie, so scharf sie krankhafte Zustände mit dem Messer zerlegt und mit dem Mikroskope unterscheidet, hat doch noch wenig oder gar nicht sich dem Scorbut zugewendet, und wohl meist aus dem einfachen Grunde, weil er auf dem Festlande Europa's, ausgenommen einige Küsten und wenige Landstrecken, so selten erscheint, dass z. B. Magendie während eines Cursus seiner Vorlesungen „über das Blut" sich nur ein einziges Mal das Blut eines Scorbutischen aus dem Bicêtre verschaffen konnte, während zu Ende des 17. und Anfang des 18. Jahrhunderts Poupart seine zahlreichen Beobachtungen und Leichenöffnungen auch in Paris in dem

Hôpital St. Louis gemacht hatte, — und in London, wo man nach Sir Gilbert Blane im 17. und 18. Jahrhundert 50—90 Todesfälle durch Scorbut zahlte, dieser im gegenwärtigen Jahrhundert fast unbekannt geworden ist. (S. Dict. des scienc. méd. en 60 vol.; Art.: Scorbut.)

Die Bilder vom Scorbut, wie sie uns aus jener Zeit, in der er so häufig war, übertragen sind, besonders die von den höchsten Graden mit tödtlichem Ausgange, dieses Faulen bei lebendigem Leibe, dieses Sterben en détail, werden uns in gegenwärtiger Zeit kaum noch vorkommen, obzwar sie in den meisten Handbüchern als die gewöhnlichen Schlussscenen des Krankheitsverlaufes noch mit aufgenommen sind. Dennoch ist seine Herrschaft nicht weniger ausgebreitet, besonders in unserm Klima, — und unter Verhältnissen, die seiner Entwickelung günstig sind, tritt er nicht nur selbstständig in den verschiedensten Formen auf, als er vorzüglich, zu anderen Krankheitszuständen sich gesellend, diesen oft die schlimmsten Wendungen giebt. Diese complicirten Zustände nun sind es insbesondere, welche bei uns, den Scorbut zur gefährlichen, selbst tödtlichen Krankheit machen. Es giebt einen Status scorbuticus, gleichsam einen scorbutischen Boden, welcher die verschiedenen Krankheitssamen zu ganz besonderen Krankheitsformen, verschieden von den ihnen sonst eigenthümlichen, herankeimen lässt. So sehen wir die rheumatischen Processe der serösen Häute, in einem scorbutischen Individuum ganz eigenthümliche Produkte hervorbringen, — so prägt der Scorbut der Syphilis einen eigenthümlichen Stempel auf, — so werden catarrhalische Affectionen der Augen modificirt durch den scorbutischen Boden, auf den die erzeugenden Ursachen wirken, — so nehmen die krankhaften Zustände der Schleimhaut des Tractus intestinorum einen eigenthümlichen Charakter an u. s. w., — welches in dem Nachfolgenden seine Bestatigung finden wird.

Ich habe die Absicht nur mit denjenigen Formen des Scorbuts mich zu beschäftigen, die ich entweder selbst in Russland und in specie in St. Petersburg und Kronstadt beobachtet, oder mir von zuverlässigen Beobachtern aus anderen Zonen des Reiches mitgetheilt worden sind, um dergestalt eine Uebersicht der Krankheit, wie sie sich in einem grossen Theile der östlichen Halbkugel zeigt, zu gewinnen, — werde indessen auf Beobachtungen in anderen Ländern, zu anderen Zeiten und unter verschiedenen Verhältnissen gemacht, zurückgehen, wo sie zur Aufklärung mancher Erscheinungen an Lebenden und dem Cadaver dienen können.

I. Veränderungen, welche der Scorbut hervorbringt.

1) In den verschiedenen Geweben.

A. Veränderungen in der Haut.

a) Hautfarbe, Hautturgor und Hauttemperatur. Oft ist ein Blick hinreichend um ein Individuum als scorbutisch zu bezeichnen. Sehr charakteristisch nämlich wird oft die Farbe der Haut und ihr Turgor schon im ersten Beginn der Krankheit verändert. Das Gesicht bekommt ein gedunsenes Ansehn, die natürliche Hautfarbe verwandelt sich in einen blassröthlichen oder lividen Teint, und oft ist selbst die Temperatur etwas erhöht. Auch die Conjunctiva bulbi verliert dann häufig das natürliche weisse glänzende Aussehn und schimmert in derselben Farbe wie die Gesichtshaut, wobei der ganze Bulbus ein gewisses mattes aber glotziges Ansehn erhält. Wo diese Erscheinungen im Gesicht dergestalt ausgeprägt sind, finden sich analoge auch anderen Theilen des Körpers, vorzüglich den Beinen. Diese bieten dann gleichfalls und zwar wegen der straffern Beschaffenheit der über dichte Fascien gespannten Hautdecken, noch in höherem Grade die angeführten Erscheinungen von Röthe und Gedrungensein dar, die hier oft bis zu einer glänzenden, glatten Beschaffenheit der Haut mit erhöhter Temperatur sich steigert. Die Röthe verliert sich unter dem Fingerdruck nicht vollkommen und kehrt rasch wieder. Unter diesen Erscheinungen tritt der Scorbut oft sehr rasch auf, ehe noch andere demselben eigenthümliche äusserlich sichtbare zur Beobachtung gelangen. Wohl aber gesellen sich dazu häufig Symptome gestörter Functionen innerer Organe, namentlich der Lungen und des ganzen Gefässsystems. Derselbe Vorgang den wir auf der Oberfläche des Körpers beobachten, der, mit einem Worte, erhöhter Turgor benannt werden kann, und auf einer Stasis in den Capillargefässen beruht, scheint gleichzeitig auch in dem Capillargefäss-System des Lungenparenchyms stattzufinden und hierauf mögen die so häufigen Athembeschwerden der Scorbutischen zum Theil beruhen, die oft fast als einziges Symptom zur Zeit der Herrschaft unserer Krankheit, — welche in unseren Gegenden vorzugsweise in den Frühling fällt*), — beobachtet werden und die davon Ergriffenen zu den dringenden Bitten um Erleichterung durch den Aderlass treibt. Als reactive Erscheinung von Seiten des Organismus sehen wir denn auch das Gefäss-System sich erheben und ein Fieber erzeugen, welches man wohl Synocha scorbutica genannt hat, während in anderen Fällen, wo dieser mehr passive Turgor, diese Stasis sich mehr nur auf die Oberfläche beschränkt, gar keine Reaction eintritt. Auf einer ähnlichen Stasis beruht zum

*) Dieses Vorkommen des Scorbuts im Frühling wird schon von Sinopaeus, — parerga medica — der in den Jahren 1730 bis 1733 den Scorbut in Kronstadt beobachtete, angeführt.

Theil die gewöhnlich vorhandene Mattigkeit und Schwere in den Gliedern, vorzüglich den unteren Extremitäten und Kniegelenken. Auch die Bauchorgane nehmen wohl Theil, wenn auch weniger in die Augen fallend, desto mehr aber in den Nachkrankheiten zur Sprache kommend. — Was hier von den inneren Organen angeführt wurde, sei hier nur als mit den Veränderungen in der Haut häufig eine Gruppe bildend, erwähnt, und wird später näher erörtert werden.

Oft nur schreitet der Scorbut, nachdem er in dieser akuten Form aufgetreten war, wieder zurück, die Stasis in den inneren und äusseren Organen spannt sich ab, was besonders durch ein kühles Verhalten und selbst kleine Aderlässe erreicht wird, die Haut verliert das geröthete, gedunsene, gespannte Ansehen, und gewinnt, bisweilen selbst verschiedene Colorite durchlaufend, ihre normale Beschaffenheit, Farbe und Turgor wieder, — oder der Scorbut fixirt sich in ihr in den verschiedenen, ihm eigenthümlichen Formen, als Exanthem, Sugillation u. s. w

In anderen Fällen hat die äussere Haut eine der beschriebenen gerade entgegengesetzte Beschaffenheit. Statt turgescirend, geröthet, warm und gespannt zu sein, zeigt sie sich vielmehr leblos, blass, kühl, schlaff, oft rauh, trocken, fast pergament-, oder vielmehr papierartig, indem sich die Oberhaut, wenn man grössere Hautparthieen von den unterliegenden Theilen abzieht, wie dünnes Postpapier in feine Falten legt, und auch in dünnen Schuppen abspringt, gleichsam brüchig ist. In solchen Fällen ist es kaum möglich, das Hautorgan in seine normale Thätigkeit zurück zu versetzen; — weder Bäder, noch erweichende, noch reizende Einreibungen, noch das wirksamste, Transpiration befördernde Mittel, die Einhüllungen in kaltes Wasser, nach der hydrotherapeutischen Methode, sind im Stande, der Haut einige Geschmeidigkeit zu verleihen und eine Ausdünstung aus ihr hervorzulocken. Diese Beschaffenheit der Haut findet nun vorzüglich wieder an den Unterschenkeln statt, am übrigen Körper meist im geringern Grade; — sie zeigt sich indessen nicht beim ersten Auftreten des Scorbuts in einem Individuum, sondern erst, wenn dasselbe durch die Krankheit geschwächt ist, in schwächlichen Subjekten überhaupt, vorzüglich häufig aber bleibt sie auf einzelne Körpertheile, namentlich die Unterschenkel beschränkt, als Ueberbleibsel, eines überstandenen Scorbuts jahrelang stehen, wenn auch die übrigen Hauterscheinungen, wie die scorbutischen Stippchen u. s. w. sich zurückgezogen haben, und ist, wenn sie über die ganze Haut verbreitet ist, ein bedeutendes Hinderniss bei Erzielung von Krisen in anderen sich combinirenden Krankheiten, — so namentlich in Fällen von manchen Diarrhöen und Dysenterieen, wo die so wünschenswerthen Hautkrisen oft einzig durch eine solche rigide Beschaffenheit der Haut vereitelt zu werden scheinen. In diesen Fällen ist letztere eine primäre, die genannten Krankheiten complicirende Erscheinung und wohl zu unterscheiden von der secundären, in Folge dieser Krankheitszustände erst entstehenden, durch Antagonismus bedingten Unthätigkeit der Haut.

Es ist bei dieser Gelegenheit noch eines im Scorbut häufig vorkommenden Zustandes der Haut zu erwähnen, nämlich der sogenannten Gänsehaut. Sie ist eine so auffallende Erscheinung, dass sie fast von allen älteren und neueren Autoren beschrieben wird. Diese Gänsehaut ist in der äusseren Erscheinung ganz ähnlich derjenigen, wie sie in vielen anderen Zuständen beobachtet wird, wo eine physische Ursache überhaupt, oder eine psychische Einwirkung ein plötzliches Zurücktreten des Hautturgors bewirkt, wie die Kälte, gewisse Einwirkungen auf die Sinne z. B. das Gehör, der Fieberfrost, gewisse Gemüthsaffecte. Hier überall entsteht durch

Reflex der afficirten sensitiven Nerven, vermittelt durch das Central-Nervensystem, eine Spannung in den Gefäss-Nerven und demzufolge krampfartiger Zustand, vorzüglich in den Gefässendigungen, welcher vorübergehende Stasen sowohl in den inneren Organen z. B. den Lungen — durch Beklemmung des Athems sich aussprechend — erzeugt, als auch in der Haut, wo er eine allgemeine Zusammenziehung veranlasst, der nur die Wurzelnester der Hauthärchen, die Haarwurzeln selbst und die Talgdrüsen widerstehen, wodurch diese so prominirend werden und eben die Gänsehaut sich bildet. Im Scorbut tritt sie nur als chronischer Zustand auf. Während in jenen Fällen die Ursachen und mit ihnen die krankhafte Veränderung vorübergehend sind*) ist dem Scorbut ein Darniederliegen der Hautthätigkeit eigenthümlich **); woraus eben in entsprechenden Fällen die als Gänsehaut bezeichnete Beschaffenheit hervorgeht. Diese Gänsehaut kann, wie aus dem Vorhergehenden ersichtlich ist, aber nur entstehen, wenn und wo Hauthärchen vorhanden sind, daher sie auch nicht beobachtet wird, wo diese, wie im weitern Verlauf des Scorbuts, verloren gegangen sind. Auch kommt sie nur im geringeren Grade auf denjenigen Korpertheilen vor, die nur mit sehr wenigen

*) Ein jeder kennt gewiss aus Erfahrung das Gefühl, welches mit dem Nachlassen eines Hautkrampfes, der z. B. nach dem Einwirken gewisser Musikstücke entstanden war, verbunden ist. Das Frostrieseln macht der natürlichen Wärme, deren Einströmen man deutlich wahrnimmt, wieder Platz, die Anspannung der Haut, welche man vorzüglich auf den gespannteren Theilen z. B. auf dem Kopf, oft bis zum Sträuben der Haare gesteigert, empfand, fühlt man deutlich nachlassen. —

**) Blane — Krankheiten der Seeleute, aus dem Englischen, Marburg 1788. S. 354. erklärt nicht mit Unrecht die Gänsehaut im Scorbut aus einer Zusammenziehung der aushauchenden Gefässe. —

und feinen Härchen besetzt sind, wie an der innern Schenkelfläche, der Beugeseite des Vorderarmes u. s. w. und gar nicht in den ganz haarlosen Handtellern und Fusssohlen.

Ursprünglich wird die Gänsehaut im Scorbut demnach nur durch relatives Hervortreten der Haarbälge der Hauthärchen erzeugt, später hingegen noch durch die in denselben entstehenden kleinen Blutextravasate verstärkt, wie auch Seidlitz in seiner Abhandlung über den Morbus cardiacus u. s. w. (Hecker's neue Annalen Bd. II. Hft. 2. S. 183.) bemerkt. — Dies führt uns zu der Betrachtung derjenigen scorbutischen Hautveränderungen die sich:

b) in verschiedenen Exanthemen manifestiren. Eine der gewöhnlichsten und am frühesten auftretenden Formen wird nun durch jene Blutextravasate um die Haarwurzeln herum bedingt und ist bekannt unter dem Namen der Purpura scorbutica, scorbutischen Stippchen u. s. w. Sie haben anfangs eine blaue, dann intensiv violette Farbe, die allmählig blasser wird, dann bräunlich, gelb und so mit der Zeit ganz verschwindet. Sie überschreiten selten ihre primitive Grösse, die eines Stecknadelknopfes, und unterscheiden sich dadurch wesentlich von einer andern Form, die, unabhängig vom Stande der Härchen auf anderen zwischen liegenden Theilen der Haut sich bildet. Ich habe die scorbutischen Stippchen einige Male während des ganzen Verlaufes leichten Scorbuts, gelbbräunlich gefunden, ähnlich den Leberflecken. Nach Rouppe ist dies meist die Farbe, mit der sie auftreten und die sich später verändern soll. In den von mir beobachteten Fällen blieb die Farbe dieselbe, bis sie allmählig blasser wurden und verschwanden. Diese Farbe scheint einen tieferen Sitz und geringere Quantität ausgetretenen Blutes in gleichem Raume, anzudeuten. — Veranlassung zu den scorbutischen

Blutextravasaten giebt überall die veränderte Mischung des Blutes, theils der veränderte, erschlaffte Zustand der feinsten Gefässe welcher die Durchdringung des Blutes begünstigt. — Die scorbutischen Stippchen gehen oft in eine andere Form über, indem die kleinen Blutextravasate den Haarbalg ausdehnen, die Oberhaut um die Härchen herum sich erhebt, zuspitzt, und so eine der Acne ähnliche Pustel bildet, die durch Druck eine blutig eitrige, schmierige Feuchtigkeit entleert, welche aus dem extravasirten Blute und dem Inhalt der in den Haarbalg sich mündenden Talgdrüsen besteht. Doch kommt auch eine wahre Acne beim Scorbut, unabhängig von den Haarstellen, auf dem ihr eigenthümlichen, nämlich mit Talgdrüsen reichlich versehenen Boden, dem Gesichte als Acne rosacea scorbutica u. s. w. vor, die eine durch den scorbutischen Zustand modificirte nämlich blaue livide Farbe, und grössere Pusteln besitzt, als jene um die Härchen herum sich bildende Form. —

Jene Blutextravasate, welche die Purpura scorbutica bilden, haben, wie gesagt, ihren Sitz in den Haarbälgen. Sie verschwinden in manchen Fällen, wie angeführt, indem sie blasser werden, durch Resorption, die verschiedenen Farben einer resorbirt werdenden Sugillation durchlaufend, ohne Nachtheil für die Organe, in denen sie ihren Sitz haben. In anderen Fällen aber leidet die Ernährung der Härchen wesentlich, besonders da, wo sich aus den Stippen die oben erwähnte Acneform gebildet hat. Der Bulbus der Härchen verliert seine eigenthümliche spindelförmige Gestalt, das untere Ende erscheint wie abgeschnitten, und erhalt der Bulbus dadurch ein mehr kegelförmiges Aussehen oder schrumpft zusammen und bietet gar keine Anschwellung mehr dar, so dass der Bulbus allmahlig eine cylindrische Form annimmt, dann ganz verschwindet, und somit auch die Befestigung des Harchens verloren geht. Zugleich erscheint ein schwärzlicher feiner Ring um die Austrittstelle des kranken Härchens aus der Oberhaut, den erweiterten Hals des Haarbalges darstellend und das Härchen folgt dann dem leisesten Zuge oder fällt von selbst aus. In dieser Periode ist es ähnlich einer feinen Borste, kürzer als die gesunden, an der Spitze nicht allmählig zulaufend noch leicht gebogen wie diese. Die Härchen an der äussern Unterschenkelfläche gehen eher verloren als die an der inneren. Die Hautfläche ist an den Stellen, wo jener Process stattgefunden, ganz glatt und die Härchen erzeugen sich nicht wieder. Bisweilen bemerkt man indessen einige kurze, scharfe, wahrscheinlich nachgewachsene Härchen. Der Verlauf dieses ganzen Processes, von der Bildung der kleinen Blutextravasate, welche den sogenannten feingefleckten Scorbut darstellen, an, bis zur Aufsaugung derselben oder dem Ausfallen der Härchen ist ein sehr langsamer, und im Allgemeinen ist der unter dieser Form auftretende Scorbut hartnäckiger als der mit grösseren Flecken, welcher sich weniger an den Stand der Härchen bindet *). — Der feingefleckte Scorbut entsteht auch als eine böse Complication bei Syphilitischen, nach längerem Hospital-Aufenthalt, während des Verlaufes schwächender Krankheiten, Diarrhöen u. dgl. viel häufiger als der grossgefleckte, flache, und bindet sich dann auch nicht immer, obzwar meistentheils, an seinen gewöhnlichen Sitz.

Nächst den vom Stande der Härchen abhängigen

*) Man kann den Verlauf jener feinen scorbutischen Stippchen beschleunigen, wenn man das Härchen, um welches das Blutextravasat sich gebildet hat, auszieht. Zum Theil wirkt man dabei mechanisch, zum Theil unterstützt man das Bestreben der Natur, das kranke Härchen auszustossen. Dies erinnert an den von Zeis beschriebenen analogen Process beim Hordeolum, welches nach seiner Angabe durch Entzündung des Haarsäckchens der Wimper entsteht, und in seinem Verlaufe durch Ausziehen der letztern beschleunigt wird.

scorbutischen Stippen kommen als scorbutische Hautform am häufigsten vor: Petechien, Vibices, Ecchymosen an verschiedenen Stellen der Haut, aber vorzugsweise immer an den unteren Extremitäten. Die Petechien deren Farbe vom Hellviolett bis zum Blauschwarz und deren Grösse von einem Stecknadelknopf bis zu der einer Linse und darüber variirt, fliessen öfter zusammen und bilden grössere Flecken (welches bei jenen Stippen nie der Fall ist), — doch treten auch grössere Flecken als Vibices in ovalen, streifigen und unregelmässigen Formen bis zu der Grösse einer Hand und darüber auf. Ihr Sitz ist unter der Oberhaut, sie bieten weder eine Härte, noch wahrnehmbare Erhabenheit dar, wodurch sie sich von den Blutergiessungen unterscheiden, die bei Scorbutischen öfter im Zellgewebe entstehen, wovon später die Rede sein wird. — Wenn man auf die oberflächlichen scorbutischen Ecchymosen kleine Vesicatore legt, so ist zwar in der Farbe der Flüssigkeit, welche sich in den sich bildenden Blasen befindet, sichtbar kein Unterschied im Vergleich mit derjenigen Flüssigkeit zu bemerken, die sich auf normalen Hautstellen unter dem Vesicator ansammelt. Heilt aber die Vesicatorstelle zu, so ist der scorbutische Fleck verschwunden. Die Röthe, welche sich in der Narbe zeigt, weicht dem Fingerdruck, während die Farbe des scorbutischen Fleckes sich unter demselben nicht verandert. Dieses Experiment beweist, dass der Sitz dieser flachen scorbutischen Blutaustretungen sich unter der Epidermis im Rete Malpighi befinde. — Scorbutische Vibices und überhaupt grössere scorbutische Austretungen von Blut habe ich öfter noch im secundären Scorbut beobachtet, so in einem Falle von Scirrhus des rechten Leberlappens, in dessen Folge eine ausgesprochene Cholämie, und während des letzten Krankenlagers Scorbut mit grossen Vibices auf der vordern

Fläche der Oberschenkel, an den Unterschenkeln aber mit feinen Flecken auftrat. S. Beob. 12.

Den scorbutischen Petechien sehr ähnliche Flecken kommen bei einer rheumatischen Krankheitsform vor, die Schönlein Peliosis rheumatica nennt. Beide könnten wegen der Aehnlichkeit in der aussern Form, und da in beiden Krankheiten Schmerzen in den unteren Extremitäten fast beständig vorkommen, verwechselt werden. Es sind indessen wesentliche Unterscheidungsmerkmale vorhanden, die ich kurz anführen will: Die scorbutischen Flecken sind gewöhnlich früher da, als die Schmerzen, oder kommen gleichzeitig, — diese stehen in keinem Wechselverhältniss mit jenen. Bei Peliosis gehen rheumatische Beschwerden gewöhnlich vorher, oft mit fieberhafter Aufregung, und verschwinden mit Ausbruch des Exanthems, erscheinen aber leicht wieder, wenn dieses unterdrückt wird. Jene sind beständig, diese flüchtig, — jene sind ganz flach, diese oft etwas erhaben, jene verschwinden allmählig und ohne Abschuppung, bei diesen kommt gewöhnlich Desquamation vor, — bei jenen sind auch andere Zeichen der Blutentmischung vorhanden, bei diesen nie. —

Ausser den flachen exanthematischen Formen und der Acne scorb., welche die häufigsten Hauterscheinungen im Scorbut ausmachen, habe ich noch verschiedene vesiculöse, pustulöse, papulöse, kleienartige und in zwei Fällen einem dem Chloasma ähnlichen Ausschlag beobachtet. — Die vesiculösen traten als Herpes meist auf, Gesicht und Extremitäten auf und in einem Fall als sehr hartnäckiger Herpes montis veneris et regg. inguinalium. Auffallend und eigenthümlich sind in diesen scorbutischen Herpesformen, die livid, selbst dunkelblau gefärbten Areolen der Bläschen, welche beide, Areola und Bläschen, leicht zusammenfliessen. Meist sind auch andere scorbutische Erscheinungen gleichzeitig vorhanden, so in jenem Fall von Herp. montis vener., Acne scorb., purpura scorb., scorbutisches Zahnfleisch und scorbutische Drüsen-Anschwellungen und Verjauchungen am Halse. — Unter den papulösen habe ich einige Male einen Lichen beobachtet, am Bauch und den Oberschenkeln, auch mit anderen Kennzeichen des Scorbuts vergesellschaftet, und in einem Fall, wie es schien durch Syphilis modificirt, bei einem Subjekt, welches vor zwei Jahren an primärer Syphilis gelitten hatte. Hier befand sich der Lichen gleichfalls am Bauch, juckte nicht, hatte etwas Kupferfarbenes, und war mit glänzenden, feine Kleien absondernden kupferfarbenen Hautflecken untermischt. — Chloasmenähnliche, hellkupferfarbene, aber grössere Flecken von unregelmässiger Form, mit kleienartiger Abschilferung fand ich auch an zwei Subjekten mit anderen scorbutischen Erscheinungen, am Halse und dem obern Theile der Brust, ohne dass eine Complication mit Syphilis oder einer andern Krankheit nachzuweisen gewesen wäre.

Alle diese Formen haben einen überaus hartnäckigen Charakter und weichen erst nach Monate langer antiscorbutischer diätetischer und medicinischer Behandlung, wobei eine Verbindung der Mineralsäuren, namentlich des Acid. nitric. mit Holzdecocten, das Meiste zu leisten schienen.

Unter den acuten Exanthemen habe ich mit Scorbut zusammen nur das Erysipelas gesehen, und zwar auf der Brust in einem ausgezeichneten Falle von Pericarditis scorb., über den ein Näheres unten, und einige Male am Gesicht, zu einer Zeit, wo Gesichtserysipelen im Hospital herrschten und in denselben Zimmer hinter einander mehrere Kranke befallen wurden. Bei den Scorbutischen zeichnete es sich durch eine besonders intensiv bläuliche Farbe aus, verlief aber günstig, kam gar nicht zur vollkommenen Ausbildung, während es bei den Uebrigen, nur mit einfachen Geschwüren an den Beinen Behafteten zur förmlichen Blatterrose sich entwickelte. —

B. Veränderungen im Zell- und Fettgewebe unter der Haut und zwischen den Muskeln. Die krankhaften Vorgänge welche in diesen Gebilden durch den Scorbut veranlasst werden, sind vorzüglich folgende: *a*) diffuse Ergiessung von seröser und blutig-seröser Flüssigkeit in das Unterhautzellgewebe. Diese kommt häufig im ersten Beginn des Scorbuts vor, und oft ohne andere Kennzeichen und Verboten, überraschend für den Kranken und für den Arzt, ist über Nacht eine Extremität von einer Geschwulst befallen, deren Consistenz man mit Seidlitz am besten mit der Wachshärte vergleichen kann, denn sie ist härter als das gewöhnliche Oedem, behält den Fingerdruck länger, und hat auch eine dem gelblichen Wachs ähnliche Farbe, dabei ist die Temperatur meist nicht verändert, in einigen Fällen aber bedeutend erhöht. Sie tritt, wie gesagt, oft ohne Vorboten auf, häufiger aber nach vorhergegangenen Symptomen heftiger synochöser Gefässaufregung, wie sie oben von uns und von Seidlitz a. a. O. S. 136. geschildert wird, wo sie denn gleichsam eine kritische Bedeutung hat, und vor ähnlichen plötzlichen Ergiessungen in Organe schützt, in denen sie einen lebensgefährlichen Einfluss haben könnten, wie z. B. in den Herzbeutel, Pleura und andere seröse Höhlen. Man geht aber zu weit, wenn man aus einer solchen Lokalisirung des Scorbuts immer auf eine Immunitat edlerer Gebilde von der scorbutischen Ergiessung schliessen wollte. Es sind mir Fälle bekannt, in denen die Ergiessung ins Zellgewebe der Extremitäten einer Blutaustretung in seröse Höhlen vorausging, und andere, in denen sie später entstand, ohne Einfluss auf letztere. Diese Anschwellungen haben, wenn sie primar entstehen und beim ersten Auftreten, die oben angegebene wachsähnliche Farbe und Consistenz, keine erhöhte Temperatur, sind weniger schmerzhaft, als durch ihr Gewicht belästigend und die Haut spannend, und sehr beständig und hartnäckig. Ich habe bei ihnen nicht das beim gewöhnlichen Oedem geltende Gesetz bestätigt gefunden, nämlich den Beginn von den Knöcheln an und allmählig hinaufsteigend, sondern öfter war erst der Oberschenkel, und dann erst der Unterschenkel angeschwollen. Im spätern Verlauf zeigen sich auf der den infiltrirten Theil bedeckenden Haut öfter Petechien, Vibices, und grössere Flatschen, und die Consistenz nimmt dabei ab, wird weicher, teigartiger. Wo aber diese Infiltrationen nicht als hauptsächliche primäre scorbutische Erscheinung auftreten, sondern mit anderen deutlich ausgesprochenen vergesellschaftet, wie mit Ergiessungen in seröse Höhlen, vorzüglich aber, wenn sie als Ausbrüche eines sekundären scorbutischen Zustandes erscheinen, wie er bei organischen Leberleiden oft vorkommt, — da habe ich sie von Anfang an weicher, teigiger, diffuser, heiss, schmerzhaft und immer mit grossen Ecchymosen bedeckt gefunden, als Zeichen einer bedeutenderen Blutzersetzung und zugleich viel unbeständiger und gleichsam flüchtig, indem sie oft in 24 Stunden ihren Ort verliessen und an einem andern wieder auftraten. Dies war unter andern der Fall in der Beobachtung Nr. 7. Sauer-aromatische Mittel, laue Bäder mit Frictionen schienen örtlich angewendet die Vertheilung dieser Geschwülste sehr zu befördern, während sie bei jener wachsähnlichen Form ohne allen sichtbaren Erfolg angewendet werden. — Auch bei andern dyskrasischen Subjekten und in Folge langen Hospital-Aufenthalts habe ich sowohl die wachsharte als die zweite Form beobachtet, namentlich an den Oberschenkeln und Waden bei einem Syphilitischen mit scorbutischen Stippen, bei dem die Geschwüre an der Eichel einen deutlich scorbutischen Charakter angenommen hatten.

Die anatomische Untersuchung bietet in der ersten Form ein von gelblichem, oder gelb-röthlichem Serum infiltrirtes Zellgewebe dar, — doch ist die Flüssigkeit zäher, und fliesst nicht wie beim Oedem durch angebrachte Nadelstiche als klare Flüssigkeit in Tropfen aus, welches, wie ich vermuthe, auf einer Beimischung von aufgelöstem Faserstoff des Blutes beruht, der in Folge der Blutzersetzung mit dem Serum vereint extravasirt ist. In denjenigen Fällen von scorbutischen Infiltrationen des Zellgewebes, wo diese mit Ecchymosen verbunden sind, ist das Ergossene flüssiger und deutlich mit den farbigen Bestandtheilen des Blutes vermischt.

Die zum Theil hierher gehörigen Anschwellungen um die Gelenke, vorzüglich das Knie- und Fussgelenk herum, werden später betrachtet werden, wo von den Ergiessungen in die Tela cellularis intermus cularis die Rede sein wird.

b) Umschriebene Geschwülste von Ergiessungen in das Unterhautzellgewebe kommen an den verschiedensten Gegenden des Körpers, doch vorzüglich an den Extremitäten vor. Ich habe sie sowohl an den oberen als unteren beobachtet. Sie variiren in ihrer Grösse vom Umfange einer Wallnuss bis zu dem einer Hand und darüber, sind wenig erhaben, sehr hart, gegen Berührung sehr schmerzhaft, ihre Temperatur meist erhöht, die Farbe, je nachdem der Sitz des Ergusses oberflächlicher oder tiefer ist, mehr oder weniger intensiv blauroth. Gewöhnlich sind ausser der innern durch den scorbutischen Zustand (Status scorbuticus) gegebenen Disposition, noch äussere Veranlassungen zu ihrer Entstehung nöthig, wie unmittelbare mechanische Einwirkungen, die oft von geringer Erheblichkeit sind, und in einem gesunden Körper keine ähnlichen Geschwülste veranlasst hätten, — oder Muskelanstrengungen, wo sie dann an der Beugseite der Extremität auftreten, so auf dem Biceps, auf der Beugeseite des Vorderarms nach dem Heben von Lasten, oder dem schnellen Herabgleitenlassen derselben, wie ich dies an dem rechten Arm eines Hospitaldieners beobachtete, der einen schweren Holzstoss von der Schulter auf den Boden etwas übereilt herabliess und ihn durch eine starke Muskelanstrengung vor zu starkem Niederfallen schützen wollte. Die harte schmerzhafte Geschwulst befand sich mehr an der Ulnarseite, und es erfolgte bald auch Contraction der Flexoren des dritten, vierten und fünften Fingers, indem die Streckung durch Schmerz an der Stelle der Geschwulst verhindert wurde. In einem andern Falle bei einem robusten Matrosen beobachtete ich neben einer Geschwulst am rechten Vorderarm auch eine auf dem linken Biceps gelegene, die durch Anstrengung beim Exerciren mit der Flinte entstanden waren. Sie war brettartig, schmerzhaft, sugillirt, bedeckte den ganzen Biceps und verhinderte jede stärkere Beugung des Vorderarms. Bei diesem Subjekt fanden sich gleichzeitig andere deutlich ausgesprochene Kennzeichen des Scorbuts, nämlich sehr lockeres blutendes Zahnfleisch, bläuliche Gänsehaut an den Beinen, mit wenigen oder verkrüppelten Härchen als Spuren des im verflossenen Jahre schon ein Mal überstandenen Scorbuts.

Analog diesen Anschwellungen an den Armen, kommen ähnliche vorzüglich an den Waden vor, nach bedeutenden Anstrengungen beim Gehen, besonders bei Uebungen im Marschiren, wobei der Fuss oft lange in einer stark extendirten Lage gehalten wird. Solche Geschwülste zertheilen sich nur sehr langsam während einer antiscorbutischen Behandlung und Anwendung örtlicher, die Resorption befördernder Mittel, auch ist die Bierhefe in manchen Fällen von sichtlichem Nutzen gewesen. — Zur anatomischen Untersuchung derselben habe ich keine

Gelegenheit gehabt. — Ein anderer Ausgang dieser Geschwulst ist in Verschwärung oder eigentlich Verjauchung. Dieser tritt oft erst sehr spät ein, nach langem vergeblichen Gebrauch zertheilender Mittel; vorzüglich bei tief sitzenden Geschwülsten dieser Art, die verhältnissmässig sehr schmerzhaft, und die Bewegung des Gliedes behindernd waren, röthet sich endlich die Haut, wird sehr heiss und schmerzhaft, fluctuirt endlich, und exulcerirt, ähnliche Erscheinungen, wie beim Pseudoerysipel darbietend, und es ergiesst sich dann etwas jauchiger Eiter, mehr aber noch dickes schwarzes Blut, worauf ein charakteristisches scorbutisches Geschwür entsteht, das ausserordentlich langsam heilt, und lange noch in der Tiefe und im Umkreise von Härten umgeben ist. Diesen Verlauf habe ich einige Mal an der Wade beobachtet. Immer waren auch andere scorbutische Symptome vorhanden*). Auf ähnliche Weise entstehen im Allgemeinen die meisten scorbutischen Geschwüre; — meist gehen ihnen Härten vorher, nur sind diese von geringerem Umfange, sie sind nicht verschiebbar und haben wie jene grösseren Anschwellungen im Unterhautzellgewebe ihren Sitz, werden allmählig teigig, heiss, dunkler, schmerzhaft, fluctuirend, und ergiessen, wenn sie aufgebrochen sind, ein jauchig-blutiges Secret, — man kann sie scorbutische Furunkeln nennen, die in Geschwüre übergehen. Eine andere Entstehungsweise ist folgende: unter der, einen grösseren scorbutischen Flecken bildenden Oberhaut sammelt sich schwarzes zähes Blut an, welches die Oberhaut allmählig zu einer blauschwarzen glänzenden, Erbsen- bis Wallnussgrossen Blase mit schmerzhaftem ödematösen lividen

*) Diesen Process hat wahrscheinlich Lind gemeint, wo er a. a. O. S. 186. davon spricht, dass scorbutische Anschwellungen aufplatzen und sich zu Geschwüren bilden können.

Umkreise erhebt; es gelingt öfter, diesen Erguss durch aromatische und sauer-aromatische Umschläge zur Resorption zu bringen, oder selbst nachdem man durch einen Lanzettstich das Ergossene entleert hatte, eine momentane Schliessung des scorbutischen Ablagerungsheerdes und Ueberhäutung mit einem dünnen bläulichen Häutchen zu erzwingen, durch ähnliche Mittel, mit leichter Compression verbunden. Bei fortdauernder scorbutischer Dyscrasie aber wiederholt sich der Process immer wieder von Neuem, besonders hartnäckig, wenn der Sitz auf dem Schienbein ist, und die Bildung eines scorbutischen Geschwürs ist dann unvermeidlich. Uebrigens entstehen scorbutische Geschwüre bei einer scorbutischen Dyscrasie schon nach sehr unbedeutenden mechanischen Einwirkungen, bilden sich auch aus den mit Scorbut complicirten chronischen Exanthemformen u. s. w. — Selbst schon consolidirte Narben von scorbutischen Geschwüren gehen bei Wiedererwachen der Dyscrasie, auf unbedeutende Veranlassung wieder auf. Dieses beobachtete ich unter andern bei einem Matrosen, der das Jahr zuvor an scorbutischen Geschwüren der Unterschenkel gelitten hatte, die aber vollkommen geheilt waren mit Zurücklassung glatter bläulicher Narben. Nach einer Anstrengung der Beine beim Marschiren entsand eine ausgebreitete dunkelblauschwarze Sugillation ringsum die Narben herum, die bald darauf aufgingen und eine nässende blauschwarze glatte Fläche zu Tage förderten — den früheren Geschwürsgrund.

Das Aussehen scorbutischer Geschwüre ist so vielfach und vollständig beschrieben worden, dass ich mich einer detaillirten Schilderung derselben hier enthalten kann; es sei nur bemerkt, dass es im Ganzen selten bis zur Geschwürsbildung bei an Scorbut Leidenden kommt, besonders zu den weit um sich greifenden fungösen Formen; diese sieht man nur bei besonders ausgebildeter

Dyskrasie, vorzüglich dem secundären Scorbut, und wenn sie in Brand übergehen, der dann wohl alle weichen Theile bis auf die Knochen zerstört und auch diese angreift. — Ein einfaches scorbutisches Geschwür, an der Leiche betrachtet, bietet einen oberflächlichen Fundus dar, welcher aus einer, auf dem darunter liegenden Fettpolster festsitzenden, blutigen infiltrirten zähen zelligen, Schicht besteht. So weit der blaue Umkreis des Geschwürs reicht, ist unter der verdünnten Haut ein krümliches schwärzliches Blutcoagulum verbreitet; die tiefer gelegene Fettzellschicht ist unverändert. — Kein Mittel verändert und verbessert das Aussehen eines scorbutischen Geschwürs so schnell, als die Bierhefe in Umschlägen angewendet. Der blauschwarze Grund wird darauf bald blasser, nimmt eine röthliche Farbe an, und es entstehen die von Rust beschriebenen inselförmigen Granulationen im Geschwürsgrunde, die sich auch bald mit einer Cuticula bedecken, oft aber sehr lange vereinzelt stehen, bis sie sich zu grösseren Narbenflächen vereinigen. Narben nach scorbutischen Hautgeschwüren sind bläulich, flach, glatt, rund oder oval, fast etwas tiefer als die umgebende Haut, nicht zusammengezogen, von der Grösse des bestandenen Geschwürs, darin ähnlich den syphilitischen.

Scorbutische Abscesse und Geschwüre entstehen auch bisweilen consensuell, metastatisch während des Bestehens hartnäckiger scorbutischer Geschwüre. Es ist eine bekannte Erscheinung, wie während des Verlaufes einfacher oder specifischer Geschwüre, namentlich der scrophulösen oder lange eiternder, der Heilung widerstehender Wunden, in der Nähe oft sehr schnell, umschriebene Abscesse sich bilden, ohne bedeutende vorhergegangene Entzündungskennzeichen, die, geöffnet, einen einfachen oder dem Charakter des Geschwürs analogen Eiter liefern, worauf dann das primitive Geschwür verhältnissmässig zu seinem bisherigen langsamen Verlauf, schnell verheilt; die Beobachtung dieser Naturhülfe ist es offenbar, die Veranlassung zu der Kunsthülfe gegeben hat, künstliche Geschwüre, Fontanellen in der Nähe hartnäckiger Geschwüre anzulegen, um die Heilung derselben zu befördern. Einen ähnlichen Process beobachtet man nun auch bei ursprünglich scorbutischen oder durch einen Status scorbuticus modificirten Geschwüren und Wunden. Zur Erläuterung des Hergangs und Beschaffenheit solcher secundären scorbutischen Ablagerungen diene folgender Fall: Ein Matrose von der Garde-Equipage, von robuster Constitution, hatte schon zwei Jahre hindurch während des Frühlings den Scorbut durchgemacht, der sich durch Purpura scorbutica, Schmerzen in den Beinen und scorbutisches Zahnfleisch manifestirte. Im Herbst 1841 erlitt er eine Contusion in der Gegend der Achillessehne der linken Seite, mit oberflächlicher Verletzung der Haut, die ein überaus hartnäckiges Geschwür zur Folge hatte; es ward brandig und erhielt dadurch eine bedeutende Ausbreitung. Indessen gelang es, dem Brande Einhalt zu thun, das Geschwür reinigte und verkleinerte sich, als durch den langen Hospital-Aufenthalt und die in dem Subjekte vorherrschende Neigung zu scorbutischer Dyskrasie, diese wiederum am Zahnfleisch und den Beinen sich kund that. Die Heilung des Geschwürs stockte von nun an, und es nahm deutlich den scorbutischen Charakter an, der allen Heilmitteln widerstand. Da entstand höher hinauf nach dem Verlauf des Tendo Achillis eine pseudoerysipelatöse Entzündung und an deren oberen Grenze sehr bald, ganz isolirt eine runde, schmerzhafte, anfangs harte, bald aber fluctuirende wallnussgrosse bläuliche Geschwulst, und so höher hinauf nach einander noch mehre, die, mit dem Messer geöffnet, nur dickes zähes Blut von sich gaben, und dann in verhältnissmässig kurzer Zeit wieder verheilten. Gleichzeitig trat aber auch eine auffallend günstige Veränderung in dem primitiven Geschwüre auf, es verkleinerte sich rasch und verheilte ganz, — während auch die übrigen Kennzeichen des allgemeinen Scorbuts einer angemessenen Behandlung wichen. — Solche consensuelle Abscesse haben gewiss einen materiellen Zusammenhang mit dem primären Geschwürs- und Eiterungsprocess, durch Aufsaugung des Secrets mittelst der Lymphgefässe; nur darf man sich nicht denken, dass dieses geradezu an den neuen Ort abgelagert werde und so als ein fertiger Abscess zur Erscheinung komme; dagegen spricht schon der Verlauf, — sondern es werden Molecüle des Secrets, vielleicht nur Zellen desselben, von den Lymphgefässen fortgeführt und wirken, wo diese in grössere Geflechte zusammentreten als Entzündung erregende Ursache auf das Zellgewebe, welches darauf consecutiv in Eiterung übergeht, die antagonistisch auf den primären Secretionsheerd günstig wirkt. Dass aber die consensuellen Abscesse ein den primären analoges Secret bilden, geht aus der allgemeinen Säftemischung in dem kranken Körper hervor. — Von den consensuellen Drüsenabscessen weiter unten.

c) Das Fettgewebe erleidet beim Scorbut nicht leicht eine Veränderung; die einfachen scorbutischen Geschwüre greifen es selten an. Ueberhaupt findet man ausser den höchsten Graden, und bei Complication mit andern Krankheiten, z. B. der ziemlich häufigen mit Tuberculosis, keine Abmagerung, im Gegentheil scheint auf Kosten der Muskelsubstanz verhältnissmässig mehr Fett erzeugt zu werden, so fast constant um die Basis des Herzens herum, wovon weiter unten.

d) Ablagerungen in das intermusculäre und subfibröse Zellgewebe. — Diese sind 1) entweder blutig-seröse und flüssige oder es sind 2) dünne Schichten coagulirten Blutes, die sich in die Zwischenraume der Muskeln legen, auch die oberflächlichen Schichten derselben durchdringen und sich leicht aus ihrem Sitz mechanisch, und durch einfaches Ausspülen entfernen lassen, — oder es sind 3) blutig gefärbte Schichten von gallertartiger Consistenz mit gelblich weissen Streifen untermischt, ähnlich den zum Theil aus coagulirtem Blut, zum Theil aus Faserstoff bestehenden Gerinnseln, wie sie im Herzen vorkommen; — die angrenzenden Muskeln findet man blutig imbibirt, ihre Substanz dadurch erweicht, die Faserung kaum kenntlich *). Man kann diese Schichten deutlich in die Zwischenräume der Muskeln verfolgen und nimmt dies besonders deutlich auf einem Querschnitt durch dieselben wahr. Solche Ablagerungen habe ich mehre Male am Unterschenkel und ein Mal am linken Oberarm beobachtet, wo in einem scorbutischen Individuum, das an Diarrhöe starb, eine heftige Anstrengung die Veranlassung gegeben hatte. — Endlich giebt es 4) noch eine Form (und zwar ist diese die bei Sectionen am häufigsten vorkommende) von intermusculären Ablagerungen, die eine höhere (Organisations-) Stufe der vorigen zu sein scheint. Sie besteht in hellröthlichen oder gelblichröthlichen, Faserstoff ähnlichen, $\frac{1}{4}$ bis 1 Linie und darüber dicken Schichten, welche wenig nachgiebig, sich weder viel zusammendrücken noch ausdehnen lassen —, auf Druck keine Flüssigkeit von sich geben, — wahre sogenannte Pseudomembranen, die sich deutlich und scharf von den angrenzenden Muskeln abzeichnen und mit diesen fest zusammenhängen. Sie sind neuerdings genau und in ihrer Bildung gewürdigt und von

---

*) Es sind dies offenbar die Massen, welche Rouppe, Abhandlungen vom Scharbock, aus dem Englischen von Schlegel. Gotha, 1775. S. 77., „gallertartige" Ablagerungen zwischen den Muskeln genannt hat.

Dr. W. v. Samson (in einer noch nicht erschienenen Abhandlung) beschrieben und „scorbutische Formation“ genannt worden. Sie kommen nicht nur unter den Fascien und zwischen den Muskeln der Extremitäten vor, sondern auch zwischen den flachen Ausbreitungen der Bauch- und Brustmuskeln. Sie sind es, die durch ihre Unnachgiebigkeit die Steifigkeit in den Gelenken, vorzüglich des Knies, durch ihre Lage und den Druck, den sie veranlassen, die Schmerzhaftigkeit in den Muskelparthieen und zum Theil die Härte der Gliedmassen veranlassen, und ebenso, wenn sie zwischen den Bauch- und Brustmuskeln abgelagert sind, einen wesentlichen Antheil bei manchen Athembeschwerden der am Scorbut Leidenden haben. Was ihre Zusammensetzung anbetrifft, so lassen sie sich am ehesten hinsichtlich des äusseren Ansehens, Farbe, Consistenz, der physikalischen Eigenschaften, mit Faserstoff vergleichen, dem die flüssigen Bestandtheile entzogen sind, wie er in den Pseudomembranen sich zeigt; es lässt sich hierbei annehmen, dass die blutigen Bestandtheile der vorigen Form aufgesogen, und der zurückgebliebene solidere Faserstoff sich organisirend, eine innigere Verbindung mit den angrenzenden Muskeln eingegangen ist, wodurch auch die Contraction der Gelenke sich erklären lässt, analog den Vorgängen, welche durch sogenannte pseudomembranöse Bildungen im Brustkasten beobachtet werden. — Eine chemische und mikroskopische Untersuchung würde die Richtigkeit dieser Annahme entscheiden können. Uebrigens kann auch diese Ablagerung noch resorbirt werden, welches durch nichts so sehr befördert wird als durch mässige Bewegung der leidenden Extremität, Gehen, so weit es möglich ist, anfangs an Krücken; ferner durch Reibungen, einfache und mit belebenden Substanzen, auch das Eingraben in warmen Sand wirkt sowohl durch Erregung der Hautthätigkeit als durch Druck.

C. Veränderungen in den Muskeln treffen wohl nicht leicht die ganze Muskulatur des Körpers in gleichem Grade, sondern vorzüglich diejenigen Parthieen, in deren Nähe ausgesprochene scorbutische Vorgänge statt gefunden haben, so findet man sie vorzüglich an den Extremitäten, die mit Ecchymosen bedeckt, oder wachsartig verhärtet waren, oder in denen intermuskuläre Ablagerungen statt fanden, in der Nähe dieser Veränderungen entweder sugillirt, oder ödematös, oder die oberflächlichen Schichten sogar ganz erweicht, ihre faserige Struktur zerstört, infiltrirt mit Serum oder schwarzem Blut, während die tieferen Schichten nur weicher als normal und bleich sind; dies ist überhaupt die Beschaffenheit der Muskelsubstanz im Allgemeinen bei scorbutischen Leichen. — Scorbutische Geschwüre greifen die Muskeln nur an, wenn sie brandig werden.

D. Die fibrösen Gebilde widerstehen lange dem Einfluss der scorbutischen Dyskrasie. In den Fascien, Sehnen, Bändern, Kapselmembranen habe ich kaum eine andere Veränderung beobachtet, als, vorzüglich in den ersteren, eine bläuliche Färbung in der Nähe blutiger Austretungen in das intermuskuläre und subfibröse Zellgewebe. Am häufigsten kommen pathologische Veränderungen der fibrösen Gebilde im Periosteum und Perichondrium vor, und zwar scheinen sie dann auf zweierlei Weise zu entstehen: *a*) von den Weichgebilden aus: dieses ist der Fall, wo ein bedeutendes scorbutisches Leiden sich schon in den Bedeckungen des Körpers, der Haut und dem Unterhautzellgewebe ausspricht, dessen Weitereindringen sich durch Hartwerden der Theile, Steifigkeit in der Muskelbewegung und Schmerzhaftigkeit äussert, die sich zuletzt zu einem solchen Grad steigert, wie wir ihn nur bei Entzündung der Knochenhaut zu sehen gewohnt sind, so dass ein leises Ueberfahren der Finger über die afficirte Stelle der Tibia schon den Schmerz sehr erhöht; — es wird aber das Periosteum der Tibia, wo ich die Affection desselben vorzugsweise beobachtet habe, zuerst und soweit meine Erfahrung reicht, allein an der äusseren Fläche der Tibia, d. h. nach aussen von der Crista aus, ergriffen, ganz entsprechend dem Sitz der stärksten örtlichen Affection der Haut, Muskel und des Zellgewebes.

Die durch Scorbut veranlasste Veränderung des Periosteums besteht nun anfangs in einer Imbibition mit schwärzlichem Blut, wodurch dasselbe aufgelockert wird und einigermassen anschwillt, später wird es ganz aufgelöst, und lässt sich in den, den Knochen umgebenden imbibirten und erweichten Theilen nicht mehr unterscheiden; — im darunter liegenden Knochen findet man keine andere Veränderung, als dass er rauh und missfarbig ist. Scorbutische Geschwüre dringen nur, wenn sie brandig werden, bis an die Knochenhaut und zerstören dann auch diese. — In andern Fällen geht das Leiden des Periosteums *b*) vom Knochen aus; die Schmerzhaftigkeit ist hier bei weitem nicht so gross, wie im vorigen Fall, der Sitz vorzüglich in den Gelenkenden der Knochen und den Brustbeinenden der Rippen und Rippenknorpel; die wichtigsten Veränderungen gehen dabei in den Knochen vor sich und werden daher bei diesen betrachtet werden. — Die scorbutischen Veränderungen in den bisher betrachteten Geweben finden sich in Einem Bilde beisammen in der Beobachtung No. 13.

E. Die Veränderungen in den Knochen, welche mit scorbutischen Zuständen zuammenhängen, sind: *a*) Auftreibungen, Aufblähungen der Knochen, und zwar der Röhrenknochen, wie ich dies öfter an der Tibia und zwei Mal an den Mittelhandknochen gesehen habe. Sie entwickeln sich im Verlaufe des Scorbuts verhältnissmassig schneller als Knochenauftreibungen aus andern Ursachen, verursachen zwar Schmerz, doch bei weitem keinen so heftigen, wie die syphilitischen, auch exacerbirt er nicht wie dieser in der Nacht; — die darüber liegende Haut ist nicht verändert, ausser dass sie die Merkmale des Scorbuts an sich trägt, die in den beobachteten Fällen auch am Zahnfleisch vorhanden waren. Es war ausser dem Scorbut keine Krankheit in den Individuen nachzuweisen, der man die Veränderung in den Knochen hätte zuschreiben können. Häufig kommt es vor, dass Scorbutische sich über Schmerzen in den Gelenkknorren der Kniegelenke beklagen, ohne dass sichtbare Veränderungen in denselben wahrzunehmen wären; bei der Leiche eines Scorbutischen, wo dieses Symptom vorhanden gewesen war, habe ich das Periostenm am Condylus internus femoris bläulich und etwas angeschwollen gefunden, sonst habe ich keine Gelegenheit gehabt, Knochen, die in der angegebenen Art am Lebenden verändert waren, an der Leiche zu untersuchen. Wahrscheinlich findet immer eine Auflockerung des Knochens, Osteoporosis, statt, als eine, dem Character der bedingenden Krankheit angemessene Veränderung. Die beobachteten Fälle wurden geheilt; — die Schmerzen verloren sich mit den übrigen scorbutischen Erscheinungen, doch blieb eine geringe Auftreibung der betreffenden Knochen zurück.

b) Eine auffallende Weichheit der Knochensubstanz habe ich einige Mal an dem Schädel Scorbutischer gefunden, und gleichzeitig an denselben Leichen eine unnatürliche Weichheit der Epiphysen, aber ohne augenfällige Veränderung der Textur oder Farbe, und ohne entsprechende Erscheinungen während des Lebens; — so namentlich bei einem Fall von secundärem Scorbut, durch Leberleiden veranlasst, demzufolge ein selbst die Knochensubstanz färbender Icterus, Wassersucht der Haut und aller serösen Höhlen, und endlich ein intensiver Scorbut sich entwickelt hatten. — *c*) Eine wahre

Malacie der Knochen ist mir einige Mal an der Tibia und zwar an dem unteren Gelenkende derselben vorgekommen, wodurch ein Gelenkschwamm am Tibio-tarsal-Gelenk gebildet ward, der ein Mal selbst Veranlassung zu einer Amputation gab Die Epiphyse war dicker als normal, ausnehmend weich, mit dem Scalpell leicht zu durchschneiden, schwammig und mit blutiger Jauche infiltrirt, die Corticalsubstanz ausserordentlich verdünnt und weich, so dass sich die ganze Epiphyse hin und herbiegen liess. Eine völlige Abtrennung der letzteren, wie sie Poupart beobachtete, und die schon im Leben durch Knistern bei Bewegung des Kranken sich äusserte, habe ich nicht beobachtet, doch lässt sich an ihrer Möglichkeit nicht zweifeln. In einem andern Falle von Fungus articuli pedis, der ursprünglich scrophulös, aber durch hinzugetretenen Scorbut modificirt war, ergab sich durch die Zergliederung folgender Befund: Die äussere das Gelenk umgebende Haut blau sugillirt, am Condylus internus tibiae ein oberflächliches scorbutisches Geschwür; unter der Cutis flaches Blutextravasat in dem Fettzellgewebe; — die Gelenkbänder erweicht, missfarbig, an mehren Stellen zerstört; — zwischen den Gelenkflächen jauchige Flüssigkeit; die Knorpel meist zerstört, wo sie noch vorhanden, leicht abzuziehen, darunter blutig infiltrirter pulpöser Zellstoff; die Fusswurzelknochen gänzlich erweicht, von der Consistenz einer Leber, so dass man mit der Spitze des Fingers ohne grosse Gewalt eindringen konnte. Farbe gelblich roth, auf dem Durchschnitt kleine Blutextravasate. Auf dem Durchschnitt des Gelenkendes der Tibia schwärzliche, blutig infiltrirte Marksubstanz; — Corticalsubstanz verhältnissmässig sehr dünn. Gegen die Mitte der Tibia begann wieder eine härtere, der normalen ähnlichere Knochensubstanz. — Es spricht sich in den pathologischen Veränderungen ein Mangel an erdigen Bestandtheilen aus, bei gleichzeitiger Durchdringung der Knochenzellen mit aufgelöstem Blut. Manche pathologische Veränderung der Knochen, die als Osteomelanosis beschrieben ist, so von Blasius und Haliday (s. Richter, Organische Knochenkrankheiten. Berlin 1839. S. 202.) ist gewiss nichts als eine scorbutische Malacie derselben gewesen, so wie auch manche als Fungus haematodes beschriebene Geschwülste der Weichtheile gewiss scorbutischen Ursprungs sind (Dictionnaire des sciences médicales T. L. p. 220.)

Dem Scorbut ganz eigenthümlich ist eine Erweichung der Brustbeinenden der Rippen. Sie ist schon von den älteren Autoren z. B. Poupart in Mémoires de l'academie des sciences 1699 p. 237, und Rouppe bei seinen Leichenöffnungen Scorbutischer gefunden worden, und ich kann sie aus mehrfacher Erfahrung bestätigen. Sie geht häufig in eine förmliche Abtrennung der Rippen von ihren betreffenden Knorpeln aus. Am Lebenden nimmt man anfangs eine überaus schmerzhafte, gegen Druck empfindliche umschriebene Stelle, mit Geschwulst, leichtem Oedem und gewöhnlich etwas livider Färbung der Haut in der Gegend des Ansatzes des Brustbeinendes der Rippen, und zwar häufiger der oberen als unteren, wahr. Durchs Athmen wird der Schmerz gesteigert. — In einem vorgerückteren Stadium erhebt sich das Brustbeinende der afficirten Rippen und mit ihm die darüber liegende Haut; man nimmt die Trennungsstelle deutlich durch das Gefühl wahr, und kann durch Druck eine leichte Crepitation wie an einem fracturirten Knochen erzeugen, ein Geräusch, das in manchen Fällen selbst schon durch die Athembewegung verursacht wird, wie schon Poupart a. a. O. bemerkt. Man sieht leicht ein, dass aus einer solchen Trennung der Continuität des Brustkorbes, wenn sie mehrere Rippen betrifft, ein bedeutendes Hinderniss für die Athembewegung hervorgeht, welches in der Abhandlung von Dr. W. v. Samson ausführlich entwickelt ist. — Häufig ist mit diesem Zustande ein hämorrhagisches scorbutisches Exsudat in den Pleura-Säcken verbunden. Einen Fall, wo mit der Abtrennung der meisten Rippen linker Seits ein bedeutender scorbutischer Erguss der beiden Brusthälften statt fand, beobachtete der Stabsarzt Schönberg im Seehospital zu Oranienbaum. Zugleich waren ausgesprochene scorbutische Erscheinungen auf der Haut und dem Zahnfleisch vorhanden. Der Kranke genas indessen — und die Hervorragungen, welche die abgetrennten Rippenenden bildeten, flachten sich ab, verschwanden aber nicht gänzlich. Die Crepitation verschwand und es schien eine Verwachsung zu Stande gekommen zu sein. Im ersten Stadium dieser merkwürdigen Krankheitsform findet eine Rückbildung viel häufiger statt und wird dagegen von Einigen das Auflegen eines Vesicators als souveraines Mittel empfohlen, das ich selbst indessen noch nicht Gelegenheit gehabt habe anzuwenden. Die sehr schmerzhafte Geschwulst an den Rippenenden soll oft nach einem einzigen Vesicator spurlos verschwinden. — An der Leiche findet man die afficirten Rippenenden vom Periosteum entblösst, bläulich, angeschwollen, die Corticalsubstanz sehr dünn, die Markzellen erweitert, das ganze Ende biegsam, zwischen den Fingern leicht zusammendrückbar und dann eine jauchige Flüssigkeit von sich gebend. Diese Zerstörung erstreckt sich bisweilen auf zwei bis drei Zoll nach dem Körper der Rippe zu. — *d*) Caries und Necrose. Wir haben schon oben gesehen, dass die Knochen bei unverletzter Haut durch scorbutische Periostitis entblösst und demzufolge in einen Zustand versetzt werden können, der einer oberflächlichen Caries am ähnlichsten ist. Das Leiden, das in diesem Fall für die umgebenden Weichtheile hervorgeht, ist im Vergleich zu demjenigen, welches Caries, aus andern Ursachen entstanden, hervorbringt, gering; die Reizung derselben steigert sich nicht leicht bis zu einer exulcerativen Entzündung, der Knochen bleibt bedeckt, scheint sich unter den Weichtheilen zu exfoliiren, das Exfoliirte aufgesogen zu werden und der Wiederersatz, die Restitutio in integrum dergestalt zu Stande zu kommen. Dies lässt sich aus den Fällen schliessen, welche ganz gleichen Verlauf mit denjenigen hatten, an welchen die Section die genannten Veränderungen der Knochen (s. d. Beobachtung von Schöneberg) bewies, aber geheilt wurden, sobald es gelang, der scorbutischen Dyscrasie Einhalt zu thun. Anders aber ist der Verlauf, wenn der Knochen durch tief eindringende scorbutische Geschwüre, die brandig wurden, von aussen her entblösst wurde. Dann ist wahre Necrose und Caries die Folge, die da verläuft wie jede andere Necrose und Caries, in solchen Fällen aber wohl selten zur Abstossung und Heilung kommt, indem die scorbutische Gangrän gewöhnlich schon die Lebenskraft erschöpfende Zerstörungen hervorgebracht hat, ehe sie zum Stehen gebracht werden kann. Scorbutische Nekrose kommt am häufigsten auf der Tibia, ferner an den Kinnladen, in Folge der Entblössung vom Zahnfleisch, und an den Rückenwirbeln, Kreuz- und Darmbeinen durch Decubitus scorbuticus zu Stande. Sehr rasch und tief werden die Knochen ergriffen und zerstört, wenn zu einer andern, den Knochen feindlichen Dyscrasie noch Scorbut hinzutritt, wie zu der scrophulösen oder tuberculösen, bei lymphatischen Abscessen. *) Es giebt Beobachtungen, dass nicht

*) Rokitansky (s. Schmidt's Jahrbücher 1840. IX. S. 289) fand an macerirten Knochen nach einem Scorbut mit Coxalgie, die Pfanne nach oben erweitert, und mit einem dicken, höckerigen, schwammigen Knochenwulste umgeben, die Gelenkfläche ihres Knorpels beraubt, etwas polirt.

nur Narben nach Wunden der Weichtheile, sondern selbst ausgebildeter Callus gebrochen gewesener Knochen beim Erwachen des Scorbuts in einem Individuum wieder aufgegangen sind. (Walter a voyage round the world by George Anson Esq. etc. nach Lind l. c.) Mir ist aus eigner Erfahrung nur ein Fall bekannt, wo nach einer Fractur der Oberschenkelknochen die Bildung des Callus offenbar durch eintretende scorbutische Dyscrasie vereitelt ward.

Wir haben bis jetzt nach der Reihe die Symptome des Scorbuts an denjenigen Körperbestandtheilen betrachtet, welche nebst dem Zahnfleisch am häufigsten den Angriffen desselben, wenn auch nicht immer bis zu den höheren Graden, ausgesetzt sind. Alle finden sich vorzüglich ausgeprägt an den unteren Extremitäten und in specie den Unterschenkeln, ja beim primären und nicht complicirten Scorbut sind diese nebst dem Zahnfleisch fast der alleinige Sitz des Scorbuts. — Die Vorliebe für diese Parthieen lässt sich weder aus den Anstrengungen erklären, denen sie ausgesetzt sind, denn der Scorbut zeigt sich auch durch langen Hospitalaufenthalt, oder als secundäre Erscheinung immer zuerst an den nämlichen Theilen, und gerade bei trägen Individuen, die sich nicht viel Bewegung machen, bildet sich der Scorbut vorzugsweise aus, — aus demselben Grunde ist auch nicht die örtliche Unterdrückung der Hautthätigkeit durch Kälte und Nässe, denen die Unterschenkel vorzüglich ausgesetzt sind, als Ursache anzunehmen, sondern ohne Zweifel die weitere Entfernung vom Centralorgan des Gefässsystems, die trägere Blutbewegung, wodurch, sobald die Blutflüssigkeit sich in einem Zustande der Mischung befindet, der eine Trennung der Bestandtheile (hierüber s. unten) begünstigt, diese leichter hier zu Stande kommen kann, als wo ein rascherer Blutumlauf dieser (Zersetzung und) Austretung entgegenarbeitet. — Dieser trägere Blutumlauf ist auch die Veranlassung, dass das andere, die Austretungen bedingende Moment, nämlich die Ueberwindung des Widerstandes der Wandungen der Gefässe, die in Folge der Dyscrasie sich in erschlafftem Zustande befinden, leichter zu Stande kommt. Hierbei kommt noch der Widerstand in Anschlag, den einzelne Gewebe leisten, und so müssen die scorbutischen Erscheinungen früher in den Haarbälgen und im Malpighischen Netz auftreten, als im eigentlichen Corium, früher im Zellgewebe als in den umgebenden Muskeln, früher im Periosteum, als in den Knochen, früher in den schwammigen Theilen der letzteren als in den dichteren. Modificirt wird indessen dieses Gesetz oft durch die den Scorbut modificirenden und complicirenden Zustände und Dyscrasieen, wie den Rheumatismus, Gicht, Scrophel, Syphilis, Herpes und andere, die den Ausbruch des Scorbuts in den Geweben, die ihrer Herrschaft vorzüglich unterworfen sind, determiniren, daher wir denn sehen, dass, z. B. bei scrophulösen Gelenkschwämmen, der auftauchende Scorbut sich auch oft in diesen zuerst kund thut, ehe er noch in der Haut auftritt u. s. w. —

F. Unter den Veränderungen, welche der Scorbut in den Schleimhäuten bedingt, stehen oben an die, denen *a*) das Zahnfleisch unterworfen ist. Im ersten Beginn bemerkt man oft nur einen feinen lividen, bläulichen Streif, gleichsam einen Saum an dem Rande des Zahnfleisches, gewöhnlich wo es auf den Zähnen aufliegt, ohne sonst ein Zeichen von Auflockerung, ausser dass schon beim leichten Druck Blut zwischen Zahn und Zahnfleisch hervordringt. Oft bleibt es bei dieser Beschaffenheit. Bei weiterer Ausbildung des Scorbuts aber verändert das Zahnfleisch in seiner ganzen Breite zuerst seine Farbe, wird dunkelroth oder bleifarben, dann livid und endlich ganz dunkelblauschwarz. Zugleich verliert es seine Festigkeit, wird locker, schwammig, schwillt und wulstet sich zusammen, so dass es nicht mehr die Zähne bedeckt, ist empfindlich und blutet bei leichter Berührung, so dass keine feste Nahrung genossen werden kann, — überzieht sich auch wohl mit einem schmutzigen zähen Secret, das, abgewischt, sich schnell wieder erzeugt, und verbreitet den charakteristischen Geruch der Stomacace. In den höheren Graden werden wohl auch die Zähne wackelig und fallen aus, doch habe ich dieses nur äusserst selten beobachtet, selbst wo die Wulstung des Zahnfleisches die Dicke eines kleinen Fingers erreichte und die Lippen hervorhob, so dass die Zähne bis an den Alveolarrand entblösst waren; demnach kann dieser zuletzt in einen Zustand von Malacie gerathen, der das Ausfallen begünstigt. Auffallend ist, dass diese Affection des Zahnfleisches sich nicht weiter auf die Mundschleimhaut verbreitet; nur ein Mal habe ich an einem Scorbutischen deutlich kleine Ecchymosen an dem Gaumensegel gesehen. Vielleicht, dass auch der mechanische Reiz, dem das Zahnfleisch ausgesetzt ist, und der wegen der harten Unterlage um so eingreifender wirkt, es dem Verderben vorzüglich aussetzt. —

In den meisten Fällen zeigt sich der Scorbut am Zahnfleisch viel später, als an den unteren Extremitäten, — ja es kommt vor, dass das Zahnfleisch selbst bei ziemlich hohen Graden des Scorbuts gar nicht, oder doch nur sehr unbedeutend leidet, dagegen, obzwar viel seltner, auch ein umgekehrtes Verhältniss statt finden kann. Ich habe öfter eine scorbutische Beschaffenheit des Zahnfleisches beobachtet, wo durchaus keine andere scorbutische Erscheinungen das örtliche Leiden begleiteten; auch entwickelte sich dasselbe unter ganz andern Umständen, als sonst der Scorbut zu seiner Entstehung bedarf, nämlich bei Personen, meist Frauen und jungen

Mädchen, die hinsichtlich der Nahrung, Kleidung u. s. w. in den günstigsten Verhältnissen lebten. Bei einer derselben, einer Frau, die mehre Kinder besass, war gleichzeitig profuse Menstruation und selbst Metrorrhöe vorhanden, sonst aber durchaus keine wahrnehmbaren Krankheitserscheinungen; als Ursache konnte man nur einen deprimirten Gemüthszustand auffinden. Das Leiden des Zahnfleisches erreichte einen solchen Grad, dass die meisten Schneidezähne verloren gingen. Der Gebrauch von Bädern, gelinde Eisenmittel mit Mineralwasser und Veränderung der Verhältnisse hoben das Uebel. Bei jungen Mädchen habe ich einen solchen örtlichen Scorbut des Zahnfleisches beobachtet in Verbindung mit scrophulösen Erscheinungen, so namentlich mit Ozaena scrophulosa; es schien hier in der Nasenschleimhaut dieselbe Veränderung statt zu finden, wie auf der des Zahnfleisches, — zugleich war das ganze Gesicht fortwährend gedrungen und livid, der Zustand wurde wesentlich gebessert durch den Gebrauch von Sodenbädern. Die Magen- und Darmschleimhaut, so wie überhaupt alle Functionen des Unterleibes, waren dabei durchaus unverletzt. — Endlich kann noch ein dem scorbutischen ähnlicher Zustand des Zahnfleisches bedingt werden durch eine grosse Ansammlung von Weinstein an den Zähnen, der das Zahnfleisch reizt, es von seiner Verbindung, indem er sich mehr und mehr ansammelt, löst, und es dergestalt auflockert und selbst Blutungen veranlasst. Der Weinstein, seiner Zusammensetzung nach aus phosphorsauren Salzen, Speichelstoff, Schleim und thierischer Materie bestehend, vermehrt sich, sobald der Speichel eine saure Beschaffenheit annimmt, indem sich dann auch die festen Bestandtheile vermehren (s. Simon, medicin. Chemie, Bd. II. S. 246. u. 571.) Dasselbe scheint auch statt zu finden bei einer vorwaltenden Säureerzeugung im Magen. Sein Einfluss auf das Zahnfleisch aber ist grossen Theils nur mechanisch und wird daher dieses durch einfache mechanische Mittel, die Reinigung und Verhütung des Wiederansetzens, geschützt.

Unter allen Mitteln, die man beim wahren Scorbut des Zahnfleisches, besonders in höheren Graden, wo es schon die Farbe verändert und bedeutend geschwollen ist, anwenden kann, hat keines einen so augenfälligen Erfolg, als die Cauterisation mit Lapis infernalis. Gewöhnlich schon am andern Tage ist die Farbe blässer und die Geschwulst etwas zusammengefallen. Nächstdem ist das öftere Reinigen durch Ausspülen des Mundes mit frischem Wasser wohl das Zweckmässigste. Unter den adstringirenden und aromatischen Mitteln ist das *Eau de Stahl* zugleich als angenehmes Mittel zu empfehlen. Wo die Wulstung des Zahnfleisches sehr bedeutend ist und schon die Lippe entfernt, oder das Zahnfleisch in Fetzen herabhängt, kann man dreist scarificiren oder selbst Stücke mit der Cooper'schen Scheere abschneiden, ohne bedeutenden Blutungen ausgesetzt zu sein; doch ersetzt sich der Wulst leicht wieder. — Nach Beobachtungen solcher, die den Scorbut in verschiedenen Climaten gesehen haben, kommen Affectionen des Zahnfleisches vorzüglich in kalten vor, (s. Blane a. a. O. S. 349.) während in heissen die „livide Härte der Extremitäten" vorherrscht. Dieses Verhältniss scheint auch selbst zwischen dem Norden und Süden Russlands statt zu finden, wie mir dies von Aerzten, die den Scorbut am schwarzen Meer, in der Krimm u. s. w. gesehen haben, mitgetheilt wurde.

b) In der Schleimhaut des Magens hat man kaum eine Veränderung gefunden, die man als dem Scorbut eigenthümlich bezeichnen könnte; so habe ich bei Scorbutischen, die an Diarrhöen litten, wohl flache, streifige, hämorrhagische Erosionen der Magenschleim haut gesehen, mit catarrhalischem Zustande derselben verbunden, die sich aber durch nichts von den sonst vorkommenden unterschieden, und sich auch nicht auf Erscheinungen im Leben reduciren liessen. Es ist auch eine von allen Beobachtern wiederholte Erfahrung, dass der Appetit und die Magenverdauung bei Scorbutischen selbst in hohen Graden der Krankheit nicht gestört ist, so dass sie selbst die für antiscorbutisch geltenden rohen Substanzen, wie rohe Gurken, Knoblauch, Sauerkraut, selbst rohe Kartoffeln und den Kwas vortrefflich vertragen. — Dagegen führen fast alle Beobachter als häufiges Symptom des Scorbuts verschiedene Leiden c) des Darmkanals, vorzüglich des Dickdarms an, welches bald in Verstopfung, bald in Diarrhöe, bald in Dysenterie sich kund thut. Im Anfange der Krankheit scheint allerdings ein gewisser Torpor statt zu finden, von Trägheit der Muskelthätigkeit des Darmkanals ausgehend (und vielleicht auf ähnlichen Veränderungen in dem die Muskelfasern umgebenden Zellgewebe, und in diesem selbst beruhend, wie sie an den der Willkür unterworfenen Muskeln vorkommen), der sich in einer selteneren Stuhlausleerung und einer gewissen schwierigen Excretion, selbst wenn die Excremente nicht zu hart sind (Schönlein) ausspricht. Bisweilen sollen sich in den ersten Stadien des Scorbuts Diarrhöen einstellen, die im Wechselverhältniss mit den harten Anschwellungen der Extremitäten stehen (Schrand). Auch Blane a. a. O. S. 354 führt diese Beobachtung an; es verschwinden nach ihm durch freiwillig entstandene Diarrhöen die lividen Geschwülste der Beine, und die vorhin ganz steifen Waden werden in weniger als 12 Stunden weich, indessen gelang es ihm nicht, durch Purgiermittel die Natur nachzuahmen. Welcher Art die freiwilligen Darmausleerungen waren, ist nicht angegeben. Im späteren Verlauf der Krankheit entstehen wohl Diarrhöen nnd Ruhren mit einem ungünstigen, selbst tödtlichen Charakter, doch scheint es, so viel aus meinen Erfahrungen in Petersburg und Kronstadt, sowie aus Beobachtungen in Moscau, und anderer Aerzte am schwarzen Meere hervorgeht, dass diese weniger als eine dem Scorbut eigenthümliche Symptomenreihe anzusehen seien, sondern mehr, durch die Jahresconstitution bedingt, unter der Herrschaft der Jahreszeit ständen und nur durch den Status scorbuticus, in dem sich das betreffende Individuum befindet, modificirt werden. So stellte sich die Sache aufs deutlichste während der grossen scorbutischen Epidemie, die im Jahre 1840 fast in ganz Russland herrschte, heraus. Nachdem der Scorbut in den Frühlingsmonaten vom Februar bis zum Mai in steigernder und dann bis zum Juli in abnehmender Heftigkeit als meist tödtliche Complication bei den Entzündungen der serösen Häute, der Respirations- und Circulationsorgane aufgetreten war, begannen die unheilbringenden Krankheiten des Darmkanals mit nicht geringer Intensität und Extensität ihre Herrschaft, und verschwanden allmählig erst mit dem beginnenden Winter, nur wenige Genesende im Gefolge, die bis in den Winter hinein sich in den Hospitälern aufhielten, sie dann verliessen, im nächsten Jahr aber der wieder angefachten Krankheit zum Theil unterlagen. Auch aus den Sectionsbefunden scheinen keine eigenthümliche scorbutische pathologisch-anatomische Veränderungen des Darmkanals sich zu erweisen *), sondern es wiederholen sich darin die schon bekannten durch Diarrhöen, typhösen,

*) Alle angeführten anatomisch-pathologischen Veränderungen sind zu wenig charakteristisch, und die durch verschiedene Zustande bedingten Veranderungen des Darmkanals zu mannigfaltig um sie mit Bestimmtheit für Folgen des complicirten Scorbut angeben zu können

tuberculösen und dysenterischen Process gesetzten Veränderungen, nur modificirt durch den Status scorbuticus, der sich durch blutige Infiltration der Schleimhäute, so wie eben solche und gallertartige Ablagerungen in submucösen und Ecchymosen im subserösen Zellstoff aussprach, die ihren Sitz in der Umgebung des leidenden Theils des Darmkanals hatten. So fand sich nach Diarrhöen die Schleimhaut des Dickdarms durchgängig mit einem schieferfarbigen dünngallertartigen Exsudat bedeckt, nach dessen Entfernung erweiterte offene Folliculi mit einem verhältnissmässig dickeren Gefässkranze erschienen, als sonst bei Affection derselben vorkommt; der Darminhalt dabei röthlich schaumig, die Folliculi später selbst in Geschwürchen übergehend, die zusammenfliessen können oder die Schleimhaut unterminiren. — Wo in Folge von Scorbut sehr erschöpfende Processe statt fanden, wie z. B. ausgebreiteter Brand mit Blutungen, stellen sich bisweilen wässrige Diarrhöen ein, denen mässig injicirte Peyer'sche Drüsen entsprechen, während der Darm in allen seinen Häuten verdünnt und sein Lumen ausserordentlich eng wird, in einem Fall von der Weite eines Hasendarms; Analoges findet bei andern erschöpfenden Processen statt.

Bei Dysenterien möchte es noch schwieriger sein, blos aus den örtlichen pathologisch-anatomischen Veränderungen auf Modifikationen durch gleichzeitige scorbutische Complication zu schliessen, wenn auch andere gleichzeitige scorbutische Symptome dazu berechtigen, indem hier wie dort die Aufwulstung der Gewebe, respektive der Schleimhaut, bis zur Erweichung und gänzlichen Auflösung, Infiltration des Zellgewebes, respektive des submucösen mit Serum und Blut, wenigstens in den höheren Graden, die vorherrschende Erscheinung ist, und zur Wesenheit der Krankheit gehört. Aus demselben Grunde aber prädisponirt ein Status scorbuticus so sehr zum Auftreten des dysenterischen Processes, und bringt letzteren, wo die Jahresconstitution ihn hervorruft, auf die gefährlichste Höhe. — Man findet hier dann oft eine gänzlich in einen schmutzigen, breiigen, abschabbaren Ueberzug verwandelte Schleimhaut, ja ganze Strecken des Dickdarms von derselben entblösst, oder alle Häute von blutiger Jauche infiltrirt, schwammig gedunsen und leicht zerreissbar, das ganze Darmrohr zusammengefallen, und mit einer dunkelbräunlichen, röthlichem Caffeesatz ähnlichen, Flüssigkeit erfüllt. Bei Diarrhöen im mit Tuberculosis complicirten Scorbut, glaube ich als constant angeben zu können, dass selbst mit der ersten Eruption des tuberculösen Processes in der Darmschleimhaut, als kleine hirsekornähnliche durchscheinende Tuberkelgranulationen, schon immer eine blutige Infiltration des Umkreises statt findet, welche sich, schon von der Peritonealfläche gesehen, an Stellen, wo eine conferte Ablagerung dieser Tuberkeln statt findet, als ein durchschimmernder Fleck kund thut, der weniger das Resultat einer entzündlichen Reaktion als einer wahren passiven Ecchymose zu sein scheint, bedingt durch die örtliche Eruption einer, mit dem Status scorbuticus in causaler Verbindung stehenden acuten Tuberkulosis. Analogieen mit diesem Process werden wir später noch bei Betrachtung des Peritoneums finden. — Wo sich der typhöse Process mit dem Scorbut verbindet, entweder in einem scorbutischen Individuum auftritt, oder der Scorbut sich erst im Verlauf desselben entwickelt, welches zur Zeit scorbutischer Herrschaft sehr häufig vorkommt; zeigen sich gleichfalls meist Ecchymosen an den typhös afficirten Darmparthieen als oblonge, der Längenaxe nach gelagerte Flecke, und unterscheiden sich durch ihre weitere Ausbreitung von den durch örtliche Gefässreaction veranlassten Injectionen des die typhösen Ablagerungen und consecutiven Exulcerationen umgebenden submucösen und subserösen Zellgewebes. In den Mesenterialdrüsen habe ich ausser den in denselben gewöhnlich vorkommenden Analogieen mit den Darmschleimhauts-Processen (dysenterischen, diarrhöeischen, tuberculösen, typhösen) keine eigenthümliche Veränderungen gesehen.

Alle diese durch den Scorbut modificirten Krankheitsprocesse des Darmkanals sind schnell erschöpfend, der Ausgang ist meist sehr ungünstig. Am häufigsten compliciren sich Diarrhöen und Dysenterieen, seltener typhöse und tuberculöse Processe des Darmkanals. Hier Einiges aus dem Verlauf bei Diarrhöen. Das Sensorium bei denselben meist ungetrübt bis auf den letzten Augenblick; bisweilen plötzliches Verlöschen, nachdem der Kranke noch kurz vorher gegessen hat; der Appetit erhält sich bei der Diarrhöe oft bis zuletzt, auch bleibt wohl die Zunge feucht, wird aber bisweilen glatt wie polirt, dabei bald blässer, bald fleischig roth, und meist breit und flach, aber dünn. Einen der merkwürdigen Zungenbeschaffenheit analogen und gleichzeitigen Zustand der Magen- und Darmhäute, habe ich nicht nachweisen können, meist fand sich eine sehr verdünnte erweichte Schleimhaut. Die Bauchbedeckungen sinken im Verlauf der Krankheit bald ein, so dass man deutlich das Promontorium und die Wirbelsäule durchfühlen kann; der ganze Bauch fühlt sich dann teigig an, meist ist er aber nicht schmerzhaft, auch die Tenesmen nicht bedeutend. Der Puls erhält sich oft wunderbar lange unverändert, sowohl hinsichtlich der Frequenz als selbst der Intensität. Erst kurz vor dem Tode wird er oft plötzlich frequent, schnell und klein bis zum Verschwinden. Eine solche vita minima habe ich ein Mal an einem durch die Diarrhöe sehr erschöpften, ganz abgemagerten Individuum vier Tage anhalten sehen; der Puls war gänzlich unfühlbar, das Herz hörte man nur ganz schwach schlagen, der Athem war kaum wahrnehmbar, die ganze Haut kühl, der Kranke lag fortwährend mit geschlossenen Augen platt und ganz horizontal auf dem Rücken, nahm keine Nahrung und excernirte unwillkürlich, so dass man von Minute zu Minute den Tod erwartete. Statt dessen erhob sich der Puls wieder etwas, der Kranke fing an, sich zu bewegen, zu essen, stand von seinem Lager auf; die Darmausleerungen, aus hellröthlicher, mit kleinen Fäcalstücken vermischter Flüssigkeit bestehend und regelmässig zwei Mal während der Nacht excernirt, dauerten fort bis endlich ein zweiter Akt, wie der oben beschriebene eintrat, an den sich ein kurzer Todeskampf mit Schluchzen und convulsivischen Bewegungen anschloss, der in den Tod überging. Die Section ergab einen durchgängig sehr verdünnten blasshellrothen Darmkanal, mit einzelnen sugillirten Flecken, die auf der inneren Fläche mit einer normalen Schleimhaut überzogen waren, ausserdem einige wenige runde, sehr flache bläuliche Substanzverluste. In den Lungenspitzen obsolescirte Tuberkel; — das ganze Gehirn sehr weich, die Centraltheile, Fornix, Septum, ganz zerfallen, in den Ventrikeln viel helles Wasser. Obgleich dieser Fall nicht deutlich mit Scorbut complicirt war, so dient das Bild doch für viele scorbutische Diarrhöen. — Bei Typhus und Tuberculosis sind nun auch die ihnen eigenthümlichen, in andern Organen vorkommenden Symptomreihen ersichtlich, modificirt durch den Status scorbuticus, worüber bei Betrachtung der betreffenden Organe ein Näheres.

Es ist gewiss eine schwierige Aufgabe, die Behandlungsweisen gegen die genannten Darmkrankheiten passend mit den durch den Scorbut modificirten Indicationen zu verbinden, auch scheint es nach den gemachten Erfahrungen und Versuchen nicht, dass eines der sogenannten antiscorbutischen Mittel für sich irgend einen Einfluss auf den Gang der Krankheit hätte: man beschränke sich daher auf die in den genannten Zuständen als die besten erkannten Mittel, nach dem Stadium und Charakter des individuellen Krankheitsfalles, mit einer besonderen Rücksicht auf Erweckung der Hautthätigkeit durch Bäder, Frictionen, sauer-aromatische Waschungen, die auch wohl resorbirt eine weitere Wirkung haben können, so wie auch die mit Chlorwasser. — Unter den mehr direkt gegen den Darmkanal gerichteten Mitteln, die manches Mal mit Erfolg begleitet zu sein scheinen, nenne ich bei erethischem Zustande nur Vesicatore auf den Unterleib, Klystiere von Plumbum aceticum, Alaun, beide auch mit Opium; bei atonischen Zuständen auch den Alaun mit schleimigem Getränk, die vegetabilische Kohle mit Rheum und Magnesia, Columbo, rothen Wein; — den meisten Erfolg glaube ich gesehen zu haben, von der inneren Anwendung des Acidum muriaticum dilutum mit schleimigen Vehikeln, und bei dem so häufigen Uebergang in Darmphthisis von dem Lapis infernalis in Klystieren; im Beginn der Krankheit ist selbst, trotz der scorbutischen Complication, der Calomel in grossen Gaben mit Vortheil in Kronstadt gegeben worden. Diese Mittel haben wenigstens häufig den Krankheitszustand für einige Zeit gebessert und manches Mal war diese Besserung selbst anhaltend. Dies gilt vorzüglich von dem Calomel in grössen Dosen und den genannten Klystieren.

d) Auf den übrigen Schleimhäuten habe ich keine dem Scorbut eigenthümliche Veränderungen gesehen; selten kam das Nasenbluten im reinen Scorbut vor, wohl aber constant in dem ihm verwandten Morbus maculosus Werlhofii, besonders wenn dieser mit Milzanschwellung verbunden war, (in den von mir beobachteten Fällen fand diese immer statt) und dann aus dem linken Nasenloch. — Ebenso wenig bot die Schleimhaut der Trachea und Bronchien dar, — Haemoptysis kam vor, mehr als Symptom einer scorbutischen Hyperämie der Lungen als der Trachea und grösserer Bronchialzweige. Die Schleimhaut auf diesen findet sich indessen bei solchen Zuständen der Lungen auch in einem Zustande von Imbibition, Aufwulstung, livider Färbung, von welcher zu eigentlicher Durchschwitzung einer zersetzten Blutmasse und daraus erzeugter Bronchialblutung nur Ein Schritt ist. — In einem Fall von sehr allgemein verbreitetem, fast in allen Organen sich kund gebendem Scorbut fand ich auch zerstreute Ecchymosen unter der Blasenschleimhaut.

Bei weitem charakteristischer als auf den Schleimhäuten offenbart sich der Scorbut,

G. auf den serösen Häuten, wo er mit Stasen und Entzündung in denselben zusammentrifft. Folgende sind die allen serösen Häuten, in denen diese Complicationen auftreten, gemeinsamen (anatomischen) Kennzeichen: die Farbe der den Sitz der Krankheit bildenden serösen Haut ist immer bläulichroth, livid, hat nie die frische Rosen- oder Purpurfarbe der genuinen reinen Entzündung seröser Häute, und findet sich entweder in diffusen grossen Flecken, Flatschen, oder allgemein und gleichmässig verbreitet, oder in Strichen und Streifchen. Sie entsteht theils durch Imbibition der die seröse Haut bildenden Zellgewebsschichten mit Blutflüssigkeit, welche aus den Gefässen derselben transsudirt, als wahre Ecchymose, oder es liegt ihr eine Stase noch innerhalb der Gefässe selbst zu Grunde.

Die Ecchymosen treten anfangs als ausserordentlich kleine, stecknadelkopfgrosse Blutergiessungen unter der Serosa auf, die fester mit dieser als dem darunter gelegenen Zellgewebe verbunden sind, so dass sie sich mit jener (der Serosa) hin und her schieben lassen; später treten mehrere zusammen und bilden grössere Ablagerungen. Doch scheinen auf gewissen Häuten auch schon von Anfang herein grössere Ecchymosen zu entstehen, namentlich den straffen. Die äusserste mit Epithelium bekleidete Zellgewebschicht der serösen Haut bleibt meist unversehrt, wenigstens findet man an der entzündeten serösen Haut gewöhnlich immer eine glatte, glänzende Oberfläche, selbst wenn sie, wie gewöhnlich, mit einer Exsudatschicht bekleidet ist. Das subseröse Zellgewebe, oder vielmehr die tieferen Schichten der serösen Haut, die schon in die angrenzenden musculösen oder fibrösen Gebilde übergehen, sind auch häufig der Sitz einer blutig gefärbten, bald mehr serösen, bald mehr gallertartigen Flüssigkeit.

Die Produkte dieses complicirten scorbutisch-entzündlichen Processes sind stets hämorrhagischer Natur, entweder bestehen sie alle in einer dünnen dunkeln, blutig gefärbten Flüssigkeit, die in der serösen Höhle ergossen ist, während die seröse Haut selbst nur eine der beschriebenen Farbenveränderungen durch Imbibition darbietet (rechte Pleura im Fall Nr. 15.), oder bei weitem häufiger findet sich zugleich ein Niederschlag auf der serösen Haut von verschiedener Beschaffenheit. Die ergossene Flüssigkeit ist oft in solcher Quantität vorhanden, dass man leicht auf den Verdacht einer Ruptur eines grösseren Gefässes kommen könnte, doch findet sich dieses niemals, auch zeigen sich nie Blutcoagula, die Flüssigkeit ist dünn, hat, zwischen den Fingern gerieben, nicht die klebrige Beschaffenheit und besteht deutlich nur aus den wässrigen Bestandtheilen des Blutes und Blutkügelchen, die, nur mechanisch zusammengehalten, sich leicht und sichtbar von einander trennen, wenn man die Flüssigkeit entweder *en nappe* über eine glatte Fläche langsam abfliessen, oder sie in einem Gefässe ruhig stehen lässt, wo sich dann der farbige Theil zu Boden senkt und das gelblich weisse, klare Serum sich darüber erhält; durch Schütteln lassen sich beide wieder vereinigen. Dieses Verhalten beobachtet man selbst an Leichen die auf dem Rücken gelegen haben, wenn man die serösen Höhlen öffnet, am auffallendsten in der des Herzbeutels, wo einem bei vorsichtigen Aufschneiden, indem man das plötzliche Hervorströmen des ganzen Inhaltes vermeidet, dann oft nur eine wasserhelle Flüssigkeit ins Auge fällt, während der farbige Theil sich in dem hinteren und unteren Theilen des Sackes befindet. In manchen Fällen findet diese Scheidung indessen nicht statt, und scheint dies von einem schnell eingetretenen Zustand der Fäulniss, und dadurch erfolgter Auflösung der Blutkügelchen in dem serösen Bestandtheile abzuhängen. Dafür spricht auch die Beobachtung Gluge's (anatomisch - mikroskopische Untersuchungen, Heft 1. S. 77. u. s. w.), dass die Blutkügelchen in Krankheitszuständen, wo die Kräfte des Organismus auf eine auffallende Weise darniederliegen, eine auffallende Veränderung ihrer Form in bei weitem kürzerer Zeit zeigten, als im normalen Zustande des Blutes. Die Farbe dieses Ergusses ist immer braunröthlich, der Geruch widerlich süsslich stechend; nie findet man in diesem Ergusse Flocken irgend einer Art oder Coagula herumschwimmen, — in der Hitze aber gerinnt sie, vermöge ihres Eiweisses, als serumhaltige Flüssigkeit. Eine scharfe ätzende Einwirkung auf die Haut der mit dieser Flüssigkeit in Berührung kommenden Hände habe ich nie bemerkt. —

Bei weitem in den meisten Fällen ist, wie gesagt, gleichzeitig mit diesem hämorrhagischen Erguss, ein Niederschlag auf der innern Fläche der erkrankten serösen Haut vorhanden, der von verschiedener Beschaffenheit ist. Entweder besteht er nur in einem weichen, noch halbflüssigen, gallertartigen, helllividen, äusserst dünnen, leicht abschiebbaren Anflug, — oder in dickeren gleichförmig flächenartig verbreiteten Schichten von etwas festerer Consistenz, — oder es finden sich zwei bis drei Schichten übereinander, von denen die der Höhle zunächst liegende immer die weichere ist, — oder in einer eigenthümlich zottigen, netzartigen, blutig getränkten Ablagerung, welche fester aufsitzt als die vorige.

Es ist wohl keinem Zweifel unterworfen, dass diese Ablagerungen, sie mögen eine Form haben, welche sie wollen, aus Faserstoff bestehen, wie auch in den reinen Entzündungen, in denen sie die sogenannten Pseudomembrane bilden; — die Analogie und das dem unbewaffneten Auge zugängliche physische Verhalten sprechen dafür, wenn auch mikroskopische und chemische Untersuchungen fehlen. Der verschiedene Aggregatzustand entscheidet dabei nichts. Eine interessante Mittheilung Gluge's (a. a. O. S. 74.) zeigt, welche Unterschiede in dem Aggregatzustande die faserstoffigen Aussonderungen in Krankheiten darbieten können. „Bei der Eröffnung der Brusthöhle bei einem Manne floss eine fast durchsichtige Flüssigkeit von mehren Pfunden heraus, die auf der Stelle gerann und ein etwas gelbliches Aussehen hatte. Unter dem Mikroskop zeigte diese geronnene Masse keine Spur von Eiterkügelchen, sondern das Ansehen des Faserstoffs; nur zeigten sich schon deutliche Stränge und eine sonderbare Art Arborisationen, die sich ganz wie Gefässe verzweigten. Es ist dies die erste Stufe der sogenannten pseudomembranösen Bildung." — —

Alle Ablagerungen bei den in Rede stehenden Processen in den serösen Häuten, wenn sie kurze Zeit macerirt und dadurch ihres Farbestoffs beraubt sind, stellen eine weiche, weissliche, zähe Masse dar, die sich zwischen den Fingern zu einem, weichem Käse ähnlichen Brei zerreiben lässt. Durch Klopfen des hämorrhagischen Exsudats glaubt der Stabsarzt Schönberg noch sparsame Faserstofffäden ausgesondert zu haben. Derselbe theilte mir mit, was ich später durch eigene Beobachtungen zu bestätigen Gelegenheit fand, dass, je frischer das Exsudat, desto weniger man von der abgelagerten Schicht finde, —

dass wenn die Parancentese gemacht ward, und man kurz darauf, bevor noch ein neuer Erguss erfolgt ist, die seröse Haut untersucht, man keine oder nur eine geringe Ablagerung finde, welches durch ein mechanisches Aneinanderreiben der durch die Entfernung der Flüssigkeit wieder in Contakt gebrachten serösen Flächen erklärt werden kann. — Längere Zeit nach der Paracentese finde man statt der weichen blutiggetrankten, verschieden geformten Ablagerungen, weissliche, dichtere Membranen, die mit der Zeit ganz fest werden (siehe unten den Sectionsbefund an Peter Angus) und Verwachsungen bedingen. Eine solche gesteigert plastische Eigenschaft besitzen indessen diese Ablagerungen an und für sich wenig oder gar nicht; sie behalten, die Krankheit mag länger oder kürzer gedauert haben, fast immer dieselbe weiche Beschaffenheit, wenn sie sich auch in dickeren Schichten ansetzen, und zu Verwachsungen kann es schon durch das immer gleichzeitig bestehende reichliche, flüssige Exsudat nicht kommen, es sei denn, dass dieses durch Resorption entfernt werde (ein höchst seltener Fall), womit denn auch das Aufhören der Dyscrasie gewohnlich verbunden ist, und eine erhöhte plastische Thätigkeit möglich wird, — oder nach der Operation, wenn dieselben günstigen Verhältnisse stattfinden.

Die Höhlen, in denen ich diese Processe beobachtet habe, sind die der Pleura, des Pericardiums und des Peritonaeums; ein Mal hat der jetzige Professor der Chirurgie Dr. Karawajew zu Kiew, in Kronstadt einen ganz analogen Fall an der Arachnoïdea gesehen. Der Häufigkeit des Erkrankens nach stand das Pericardium in den von mir und Andern zur Zeit des Vorkommens dieser Krankheitsformen, vorzüglich aber während der Epidemie von 1840 gemachten Beobachtungen obenan, dann folgte die Pleura und endlich das Peritonaeum. Bisweilen sind alle drei Höhlen gleichzeitig ergriffen, —

am häufigsten die des Pericardiums und der Pleura zusammen; doch besteht erstere öfter noch ganz allein; so ergaben sich bei 60 von Dr. Karawajew gemachten Sectionen, 30 Mal Pericarditis, 22 Mal Pleuritis, 6 Mal Pericarditis mit Pleuritis zusammen, 7 Mal Peritonitis, 1 Mal Arachnitis. In den von mir selbst gemachten Beobachtungen kam die Complication der Pericarditis und Pleuritis häufiger vor, und auch die Peritonitis fand ich im Verhältniss zu den übrigen Formen öfter als Dr. Karawajew, was vorzüglich davon abhängen mag, dass Letzterer seine Beobachtungen alle in einer und derselben Epidemie anstellte, während die meinigen ausser dieser sich noch auf eine Reihe von Jahren erstreckten, in denen die Krankheit mehr jahreszeitlich als epidemisch war.

Einer jeden serösen Haut ist eine besondere Form sowohl hinsichtlich der Färbung derselben als der Ecchymosen, als auch der Niederschläge vorzugsweise eigenthümlich, wenn sie auch oft alle zusammen an einer und derselben Serosa vorkommen, und mag dies von der Natur und Action der von ihnen bekleideten Organe und Gewebe, von deren, jeder derselben eigenthümlichen Befestigung durch kürzeres, strafferes oder laxeres Zellgewebe, und dem grösseren oder geringeren Gefässreichthum des letzteren abhängen.

Diese Krankheitsformen anatomisch nach den einzelnen Höhlen, in denen sie vorkommen, betrachtet, so ergiebt sich Folgendes: *a*) im Pericardium. Man findet es immer bedeutend ausgedehnt, durch die enthaltene Flüssigkeit, so dass es nach Ablösung des Brustbeines mit den Rippenknorpeln eine bläulich schimmernde fluctuirende Blase darstellt, die nicht nur die ganze Präcordialgegend einnimmt, sondern oft auch nach oben bis zum Maenubriumsterni reicht, nach links die linke Lunge verdrängt und bedeckt, und nach unten sich bis in die

Regio epigastrica erstreckt und das Diaphragma nebst dem linken Leberlappen bis in die Oberbauchgegend herabdrückt. In schnell verlaufenen, nicht complicirten Fällen ist das fibröse Blatt, ausgenommen die auf Imbibition beruhende bläuliche Färbung, nicht verändert; — bei längerem Verlauf aber und Complication mit Affection der Mediastinal-Platten und der Pleura, verdickt es sich, die obere Zellgewebeschicht wird locker und ödematös oder es lagern sich selbst livid gefärbte Membrane ab, die sich gleichfalls gern mit blutigem Serum infiltriren und den Nervus phrenicus einschliessen, wie im Fall Nr. 15. Die im Herzbeutel enthaltene Flüssigkeit, von 2 bis 6 Pfund betragend, hat die oben beschriebene, in allen serösen Höhlen, wo sie vorkommt, gleiche Beschaffenheit; nie findet man in ihr Flocken oder coagulirte Blutklümpchen herumschwimmen. Wohl aber findet man diese bisweilen an der inneren Fläche des Herzbeutels leicht an dem serösen Blatt anhängend, so dass sie sich wohl ablösen können, und unter denselben rothe Flecken, die von vermehrter Gefässentwickelung abhängen, — doch kommen diese coagulirten Blutklümpchen häufiger und in grösserer Anzahl an der Pleura als am Pericardium vor. Ausser den Blutklümpchen findet man die innere Fläche des Herzbeutels entweder mit einer dünnen, weichen, lividen Schicht bedeckt, unter der die seröse Haut glatt und weiss, oder hin und wieder verschieden gefleckt, oder gleichmässig bald heller, bald dunkler blauroth gefärbt ist, — oder die abgelagerte Schicht hat ein zottiges, netzartiges Aussehen, das man nicht unpassend mit gewissen Moosarten vergleichen kann. Häufiger indessen, als auf der serösen Haut des Herzbeutels, findet man diese eigenthümliche Form des Niederschlages auf dem serösen Ueberzug des Herzens selbst (cor villosum) und zwar vorzugsweise an der Basis desselben, besonders der oberen Fläche,

Hier fehlt sie nie, wenn sie auch an der übrigen Ausbreitung der serösen Haut vermisst werden sollte. Seidlitz beobachtete l. c. eine eigenthümliche Form dieser Ablagerung: sie bildete frei in die Höhle des Herzbeutels hereinhängende Fetzen und Lappen, an andern Stellen war sie wie erbsen- und nussgrosse geschlossene Bälge beschaffen, die mit der extravasirten Flüssigkeit gefüllt waren und leicht platzten, wenn man sie berührte.

Auf den übrigen serösen Häuten kommt die zottige Form weniger constant vor, indem bei diesen häufiger die glatten Formen sich finden. Skoda und Kolletschka erklären das häufigere Vorkommen dieser Form, als Erhöhungen und Vertiefungen auf dem Herzen, aus der fortwährenden Bewegung dieses Organs, durch welche ein stetes Berühren und Losreissen der serösen Flächen veranlasst werde; (Schmidt, Jahrbücher der in- und ausländischen Medicin 1840. Heft VIII. S. 146.) Bei dieser Erklärung muss man annehmen, dass die Flüssigkeit später in den Herzbeutel ergossen werde, als der Niederschlag auf der innern Herzbeutelfläche erfolgt, weil bei der grösseren Quantität der ersteren, die immer plötzlich transsudirt und gewöhnlich die Krankheit eröffnet, die Berührung der serösen Flächen unmöglich wäre. — Dagegen spricht aber die schon angeführte Erfahrung dass, je frischer das Exsudat, je schneller der Fall verlief, desto weniger sich die moos- oder netzförmigen Schichten ausgebildet finden. Es ist also anzunehmen, dass diese sich mit der Dauer der Krankheit immer mehr ausbilden, welches auch andern Exsudationsprocessen analog ist. Möglich wäre aber, die Vorliebe jener für das Herz charakteristischen Schichten, aus der Zusammenziehung und Ausdehnung desselben zu erklären, insofern als sich dabei der seröse Ueberzug und gleichzeitig auch die Ablagerung, welche in diesen Krankheitsformen von besonders weicher Beschaffenheit und mit Blut getränkt ist, runzelt und wieder glättet, wodurch gleichfalls ein wechselweises Berühren und Losreissen der einzelnen Theile desselben, und dadurch Vertiefungen und Erhöhungen entstehen können, welche letztere durch neu anschiessende Faserstoff-Ablagerung fortwährend vergrössert werden. *) — Auf ähnliche Weise lässt sich auch die Bildung der zottigen Ablagerungen auf andern serösen Häuten erklären, so auf dem Peritonaeum, wo sie vorzugsweise auf dem serösen Ueberzuge der in fortwährender Bewegung sich befindenden Därme sich vorfinden, — ferner auf dem Lungenüberzuge, vorzüglich in den Gegenden der Lunge, die einer stärkeren Bewegung ausgesetzt sind, nämlich der Basis derselben. — Am wenigsten ausgebildet sieht man sie auf den straffen, einer geringen Ausdehnung und Zusammenziehung unterworfenen Membranen, hier sind die glatten Niederschläge häufiger. — Obzwar keine Spur von Organisation und Gefässverbindung mit der serösen Haut und diesen Ablagerungen zu entdecken ist, wie auch Hasse, pathologische Anatomie, Band 1. S. 145. bemerkt, so kann doch unter begünstigenden Umständen nicht nur eine Resorption der ergossenen Flüssigkeit, sondern auch eine Organisirung der Niederschläge und demzufolge Verwachsungen stattfinden; (siehe unten den Sectionsbefund an Peter Angus).

Eine andere Metamorphose des hämorrhagischen Exsudats habe ich nicht beobachtet, so wenig als Ablagerungen von Tuberkeln und andern Afterprodukten. — Das Herz selbst ist bei dieser Affection des Pericardii so nahe betheiligt, dass ich die durch dieselbe bedingten pathologisch-anatomischen Veränderungen sogleich folgen

---

*) Die durch Ablagerungen auf dem Herzen entstehende „surface mammelonné“ ist nach Laennec überhaupt allen pericarditischen Processen eigenthümlich.

lasse. Der Veränderungen des serösen Ueberzuges ist schon erwähnt worden, nur ist noch zu bemerken, dass dieser sich, besonders an den Stellen, wo dicke Niederschläge aufsitzen, leicht von der unterliegenden Muskelsubstanz abziehen lässt. Die augenfälligste Erscheinung an dem Herzen selbst ist seine bedeutende Verkleinerung, durch mechanische Zusammendrückung vermittelst der Flüssigkeit bedingt. Bei grossen Exsudaten, die den Herzbeutel um das 3—4fache ausgedehnt haben, ist das Herz wohl um die Hälfte und mehr verkleinert; die Muskelsubstanz hat die frische rothe Farbe des Muskelfleisches verloren, spielt ins Gelblich-Bräunliche oder Violette hinüber, ist, wenn die Krankheit schnell verlief, derb und hart, nach langwierigem Verlauf aber welk und leicht zerreissbar; die innere Auskleidung ist entweder unverändert, oder livid gefärbt, — letzteres findet man noch häufiger an den Klappen und der innern Haut der grossen Gefäss-Stämme, vorzüglich der rechten Herzhälfte; doch ist dies nur eine Imbibitionsfarbe, gleichmässig verbreitet, mehr an der hinteren Fläche befindlich, die Haut glatt; nie habe ich auf derselben irgend eine Ablagerung gesehen, so wenig als auf den Klappen und Klappenrändern, wie dies Dr. W. v. Samson in Moskau während der scorbutischen Epidemie daselbst öfter an durch scorbutische Krankheitsformen zu Grunde Gegangenen fand. Entweder sind die Herzhöhlen ganz leer oder es sind, und dies ist der häufigere Fall, Faserstoff und Blutgerinnsel von verschiedener Consistenz und mehr oder weniger fest mit den Wänden des Herzens zusammenhängend vorhanden, die sich auch in die Gefässstämme hineinerstrecken; meist befinden sie sich frei darin, doch beobachtete Seidlitz l. c. einen Fall, wo „derbe fibro-gelatinöse Blutgerinnsel, welche die Form der Höhlen angenommen hatten, fest zwischen den Trabeculis sassen und an ihrer zu unterst gerichteten Fläche an entsprechende rothe Blutcoagula grenzten.“ — — Das Lumen der Kammern ist natürlich ausnehmend verengt, und die dünnwandigen Vorhöfe sind manchmal dadurch kaum kenntlich.

Eine auffallende fast constante Erscheinung ist eine bedeutende Fettentwicklung um die Basis des Herzens herum unter der serösen Haut. Dieselbe geschieht deutlich auf Kosten der Muskelsubstanz des Herzens, mit welcher sie sich fest verwebt, welches man deutlich sehen kann, wenn man einen Querschnitt durch die Herzwände macht. Sie ist das Resultat der unvollkommenen Stoffbereitung, die aus der Beschaffenheit des scorbutischen Blutes hervorgeht und in Analogie zu bringen mit den Beobachtungen von fettigen Herzen aus andern Ursachen, namentlich vorherrschender Venosität, wie Hasse l. c. S. 214. bemerkt. Schon oben ist bemerkt worden, dass das Fett auch an andern Theilen des Körpers durch den Scorbut sich nicht vermindert, ausser wenn abzehrende Krankheiten ihn compliciren, sondern dass, im Gegentheil, dasselbe sich an andern Körpertheilen auf Kosten der Muskelsubstanz zu vermehren scheint. —

Wenn die Pericarditis scorbutica Individuen befällt, welche schon früher an Pericarditis genuina gelitten haben, die in theilweise Verwachsung der serösen Flächen ausging; so kann das Herz, indem es durch den starken Erguss von allen Seiten zusammengedrückt, zugleich aber an einer beschränkten Stelle durch die Verwachsung angeheftet ist, eine ganz eigenthümliche Form und Lage annehmen, wie ich dies in dem Falle Nr. 15. beobachtete, welches um so wichtiger wird, da es auf die Diagnose Einfluss hat. Einen ganz ähnlichen Fall, mit derselben Complication und denselben Modificationen in den Erscheinungen, beobachtete gleichzeitig Dr. Rambach im ersten Seehospital in Petersburg.

Gleichzeitige Veränderungen in andern Organen ausser dem Herzen, abgesehen von den Complicationen, sind verschieden nach der Schnelligkeit des Verlaufs der Krankheit und der Quantität des Ergusses. Meist ist die rechte Lunge mit Blut überfüllt, in den hinteren Parthieen bisweilen bis zum Zustande der Splenisation, wobei die Ränder nicht selten emphysematös bleiben; die linke Lunge dagegen findet man, bei einigermassen reichlichem Ergusse, ganz zusammengedrückt und nach hinten an die Wirbelsäule gedrängt, luftleer und schlaff wie ein Fetzen, ähnlich dem Zustande, der durch grosse pleuritische Exsudate veranlasst wird. Die Leber, die grossen auf- und absteigenden Venenstämme sind mit Blut überfüllt, desgleichen das Gehirn, in dessen Höhlen oft eine vermehrte Menge Serum und bei längerem Verlaufe Erweichung der angrenzenden Theile, vorzüglich des Fornix, des Septi lucidi u. s. w. sich finden. Ausserdem können, besonders bei langsamer verlaufenden Fällen, alle übrigen, durch Scorbut bedingte Veränderungen in andern Körpertheilen vorkommen, die zum Theil schon erörtert sind, wie Infiltrationen des subcutanen und intermusculären Zellgewebes, Ecchymosen und Petechien unter der Epidermis, und Sugillationen auf den Gedärmen, Ueberfüllung in der Milz und andere Erscheinungen, die bei Darstellung des Krankheitsbildes und Erklärung des Krankheitsverlaufes, die ich übersichtlich hier folgen lassen will, nicht wesentlich sind.

Die auf den angeführten anatomisch-pathologischen Veränderungen beruhende von Seidlitz l. c. Pericarditis exsudatoria sanguinolenta *) genannte, meisterhaft ge-

*) Seidlitz hat die Identität dieser Krankheit mit dem Morbus cardiacus der Alten nachgewiesen; — dass bei den späteren Beobachtern, namentlich dem so fleissigen Lind, keine Beschreibung der Krankheit vorkommt, ist wohl vorzüglich dem Mangel an genauen Leichenöffnungen zuzuschreiben, — manche von ihm als Folgen des Scorbuts überhaupt angeführte Erscheinungen, schei-

schilderte Krankheit, kommt in Petersburg und Kronstadt mit dem Beginn des Frühlings jedes Jahres vor, nur ist sie nicht in jedem Jahre von gleicher Heftigkeit beobachtet. Gewöhnlich vergehen 2—3 Jahre, in denen ihr nur einzelne Opfer zufallen, dann aber erscheint sie mit doppelter Heftigkeit und rafft eine grosse Menge oft der kräftigsten Individuen hin. Ihre Intensität hält immer gleichen Schritt mit der des zu derselben Jahreszeit herrschenden Scorbuts, zu ihrem Erscheinen aber bedarf es als Gelegenheits-Ursache noch eines den serösen Häuten feindlichen rheumatischen Krankheitsgenius, der in den durch Häufigkeit der Fälle sich auszeichnenden Jahren vorzüglich die Brustorgane ergriff. Dieses Gesetz bewährt sich auch in solchen Fällen, wo der Scorbut nicht wie gewöhnlich von der Herrschaft der Jahreszeit abhängig, sondern secundär in Folge von Wechselfieber, Leber- und Milzkrankheit auftritt. Auch hier verbindet sich mit ihm der eigenthümliche exsudative Process der serösen Haut, sobald ein begünstigender rheumatischer Krankheitsgenius ein Erkranken derselben determinirt. Solche mit chronischen Leber- und Milzkrankheiten behaftete Individuen befinden sich bis auf häufig wiederkehrende icterische Erscheinungen und vorübergehende Verdauungs-Beschwerden oft lange Zeit, ja Jahrelang leidlich, bis ein dem Scorbut günstiger Frühling diesen längst in dem Individuum vorbereiteten Zustand hervorruft, gleichzeitig aber ein rheumatischer Krankheitscharakter ihn nach den serösen Höhlen, vorzüglich dem Pericardium, determinirt. Diese Fälle unterscheiden sich aber von den primär auftretenden dadurch,

---

nen wirklich der Pericarditis exsudatoria sanguinolenta anzugehören, so namentlich der Schmerz des Scorbutischen unter dem Brustbein, der oft plötzlich schwere Athem, die Ohnmacht beim Aufrichten, die plötzlichen Todesfälle u. a. l. c.

dass sie in cachectischen, meist schon abgemagerten Individuen erscheinen, der Eintritt des Ergusses meist durch einen Fieberfrost bezeichnet ist, der Verlauf aber nicht so rapid ist und nie so reichliche Exsudate entstehen, wie in kräftigen, vollblütigen Subjekten. Der tödtliche Ausgang ist aber nicht weniger sicher, ja bei dem tiefen Leiden wesentlicher, zur Blutbereitung nothwendiger Organe, wie der Leber, ist noch weniger auf Resorption des schon mechanisch das Leben gefährdenden Exsudats, noch auf eine Verbesserung des dyskratischen Blutes überhaupt zu rechnen.

Die Krankheit tritt in den primären Fällen gewöhnlich sehr rasch, oft plötzlich auf. Der Kranke hat oft noch an demselben Tage eine schwere Arbeit verrichtet, wo er mit allen Zeichen eines schon vorgeschrittenen Verlaufes sich im Hospitale meldet. Sind Vorläufer vorhanden, so bestehen sie in allgemeinem Orgasmus und fieberhaften Erscheinungen von bald mehr erethischem, bald mehr sthenischem Charakter, selten mit starkem Frost, und in einem örtlichen drückenden Schmerz in der Gegend der Praecordien, mit catarrhalischer Affection der Respirations-Schleimhäute. Oefter sind gleichzeitig Kennzeichen des Scorbuts an Zahnfleisch oder den unteren Extremitäten zugegen, doch durchaus nicht constant, — bisweilen treten sie erst im Verlauf der Krankheit und dann mehr als Infiltrationen in dem subcutanen und intermusculären Zellgewebe auf. — Sehr bald, d. h. sobald der Erguss in den Herzbeutel erfolgt ist, treten die charakteristischen Kennzeichen der Krankheit, bedingt durch die Unterdrückung der Herzthätigkeit, auf. Das Allgemeingefühl des Kranken wird deprimirt, er wird plötzlich matt, geht zwar manchmal noch einen Tag umher, legt sich aber bald nieder und klagt jetzt überhaupt über nichts als eine überaus grosse Schwäche, — man findet dann schon alle Zeichen des erfolgten Ergusses, einen überaus schwachen, entfernten, oft auch unregelmässigen und ungleichen Herzschlag, von dem gewöhnlich nur der erste Ton hörbar ist, bis er zuletzt ganz verschwindet, — dabei einen matten, brettartigen Percussionston in der ganzen Praecordial-Gegend bis unter die linke Clavicula hinauf und selbst den vordern und seitlichen Theil der linken Brusthälfte einnehmend. Eine auffallende Wölbung der Praecordien habe ich selbst bei grossen Exsudaten nicht beobachtet, Reibungsgeräusch nie. Bei grossen Exsudaten ist die Leber herabgedrückt, diese selbst durch die gehemmte Circulation angetrieben und schmerzhaft. (Ueber eine besondere Ursache, aus welcher der Herzschlag selbst bei bedeutendem Ergusse hörbar bleiben kann, siehe bei dem Falle Nr. 15.). Gleichzeitig mit dem Herzschlag verändert sich auch der Arterienpuls, — er wird gleichfalls klein, ungleich, unregelmässig, meist frequent; über eigentliche Schmerzen klagt der Kranke jetzt ebenso wenig wie früher, höchstens nur über einen Druck unter dem Brustbein: er spricht, obzwar ihm der Druck den Athem benimmt und kurz macht, dennoch zusammenhängend, und hüstelt nur bisweilen, meist ohne Auswurf. In der linken Lungengegend ist gar kein Respirationsgeräusch zu hören, mehr nach hinten und gegen die Wirbelsäule hin wird es bronchial, — in der rechten Lungengegend ist gewöhnlich sehr heller Percussionston und deutliches fast pueriles Respirationsgeräusch. Sobald der Erguss erfolgt ist, vermindert sich auch die Temperatur des ganzen Körpers, die Extremitäten, Zunge und Nase werden zuerst kühl, dann auch die übrige Haut, Lippen und Gesicht werden blau und gedrungen, bisweilen kommen kalte Schweisse zum Ausbruch, und gern stellt sich Oedem der Hände und Füsse, oft des ganzen Körpers ein, constant fast in der Herzgegend. Jetzt ist auch die Schwäche des Kranken auf einen Grad gestiegen, dass er sich nicht mehr aufrecht erhalten kann, er liegt, und auffallend genug, immer ganz horizontal auf dem Rücken, oder selbst mit dem Kopf niedriger als mit dem Rücken, — der Athem ist überaus häufig und kurz, doch drückt das Gesicht des Kranken diese Angst nicht in dem Grade aus, als man aus der Beschaffenheit des Athems schliessen sollte. Der Kranke ist im Stande, zusammenhängend zu sprechen, und klagt auch jetzt nur über eine überaus grosse Schwäche, ist träge im Antworten und wird gegen das Ende der Krankheit immer mehr apathisch *).

Wenn man ihn aus seiner liegenden Stellung aufrichtet, so überfällt ihn bald eine Ohnmacht, sonst aber ist das Sensorium ungetrübt. Der Anblick eines solchen Kranken ist in diesem Stadium so charakteristisch, dass man die Diagnose fast sicher aus dem blossen Aeussern stellen kann. — In den Verdauungs - Organen nimmt man keine auffallende Veränderungen wahr, der Stuhl ist meist träge, der Urin sparsam und geröthet. — Gegen das Ende der Krankheit verschwinden Herz- und Pulsschlag gänzlich, der Körper wird ganz kalt, der Kranke immer mehr theilnamlos, athmet immer schneller und ängstlicher, seufzt bisweilen tief auf, verharrt aber unausgesetzt in seiner Rückenlage, und verscheidet ohne einen besonderen, von der früheren Symptomenreihe abgeschiedenen Todeskampf. Einige meiner Herren Collegen glauben an diesen Kranken einen specifischen, dem fuseligen Branntwein ähnlichen Geruch wahrgenommen zu haben. Die Dauer der Krankheit ist verschieden; ich habe sie in 12 Stunden tödtlich enden, aber auch 8 Tage und länger sich hinziehen sehen.

---

*) Schönlein nennt, wenn man dem Herausgeber seiner Vorlesungen trauen darf, die an Carditis scorbutica Leidenden sentimental, weichherzig, — eine nicht unpassende Bezeichnung ihres durch das somatische Leiden bedingten Gemüths-Zustandes.

Würdigung einiger Symptome in Beziehung auf die Diagnose. Wir sehen den Ausbruch der Krankheit oft sehr plötzlich entstehen, dass er selbst nicht immer durch ein Fieber bezeichnet war. Als örtliches subjectives Symptom haben wir nur einen unbedeutenden Schmerz im Anfange der Krankheit, und später ein Gefühl von Druck und Schwere in der Gegend des Herzens erkannt, die den Athem beengte. Wie wir sahen, tritt die Krankheit oft selbst mit Uebergehung eines sichtbaren ersten Stadiums auf, wenigstens ist dieses oft so kurz, dass man gewöhnlich das zweite, das Stadium des Ergusses zu Gesicht bekommt. Ein solcher Verlauf aber ist dem einer genuinen rheumatischen Pericarditis ganz entgegengesetzt; — wie bei Entzündung anderer seröser Häute geht hier immer ein deutlich empfundener Fieberfrost vorher, mit nachfolgender Hitze, der Puls ist conform den übrigen Fiebersymptomen, ebenso die Temperatur der Haut u. s. w. Zugleich wird ein deutlicher, meist brennender Schmerz empfunden, und ausgesprochen ist ein Stadium der Entzündung, von dem des Exsudates zu unterscheiden. Ist das letztere erfolgt, so ist hier wie dort eine Unterdrükkung der Herzthätigkeit die Folge und die Zeichen, welche Auscultation und Percussion darbieten, dieselben, doch nie in dem Grade, wie in unserer Krankheitsform. Bei dieser ist das Stadium des Ergusses gleichzeitig mit dem erschwerten Athem durch eine, dieser ganz widersprechende Apathie, und durch ein ganz ausgezeichnetes Schwächegefühl bezeichnet, wobei der Kranke horizontal auf dem Rücken liegt, während in der wahren Pericarditis die Athemnoth auch bedeutend ist, aber auch vom Kranken in demselben Maasse empfunden wird, so dass er die grösste Angst ausdrückt und sich durch aufrechte Lage oder Veränderung der Lagerung die Beschwerden zu erleichtern sucht. Ebenso sehr unterscheiden sich auch beide Krankheiten durch ihr Produkt; in der wahren Pericarditis ein lymphatisches oder anderweitiges organisirbares Exsudat, das fast immer zu Verwachsungen und Verklebungen führt, oder verschiedene Metamorphosen eingehen kann, — in unserer Krankheit ein blutig-seröser Erguss, immer von gleicher Beschaffenheit, der als solcher weder organisirbar ist noch sich verändert, dort das Produkt einer erhöhten durch Entzündung gesetzten plastischen Thätigkeit, hier ein mechanisches Transsudiren einer krankhaften Blutmasse durch erschlaffte Gefässendigungen *), — daher das rasche Entstehen bei einem von der scorbutischen Dyskrasie ergriffenen Individuum, sobald eine begünstigende Ursache die Tendenz nach dem Pericardium bestimmt, wie dies durch einen rheumatischen Krankheitscharakter gegeben wird. Sobald der Erguss des Blutes erfolgt ist, scheidet sich aus der leicht zersetzbaren Blutflüssigkeit der Faserstoff an den Herzbeutel ab, und das Serum mit dem Cruor füllt die Höhle desselben aus. Nur beim ersten Sturm wird ein deutlicher Schmerz empfunden; sobald der Erguss erfolgt ist, belästigt nur das Gefühl der Spannung und die mechanisch unterdrückte Herzthätigkeit den Kranken; — seine grosse Mattigkeit, die Kühle seiner Extremitäten, das aufgedunsene Wesen erklären sich nicht allein aus der unterdrückten Circulation in den Organen, sondern mehr noch aus der unvollkommenen Speisung derselben durch fehlerhaftes Blut. Aus dieser geht auch die grosse Apathie, die aufgehobene Selbstempfindung, hervor, und so auch lässt sich die der Natur der Sache nach unbe-

*) Sehr verschieden durch die Genese ist dieses Exsudat von demjenigen blutigen Exsudat, welches bei längerer Dauer eines dicken fibrösen und noch mehr eines grossen serösen Exsudats sich bildet, wenn der Kranke in Folge derselben cachectisch wird. S. Skoda a. a. O.

greifliche horizontale Lage auf dem Rücken verstehen, indem diese diejenige ist, in welcher die Muskeln am wenigsten zur Erhaltung der Lage beizutragen haben. Kommen noch ausgesprochene äussere scorbutische Zeichen hinzu, so ist die Diagnose von allen andern Arten der Pericarditis um so leichter.

Ich will noch mit einigen Worten der Hauptmomente in der Behandlung erwähnen, ohne mich auf Herzählung der verschiedenen Mittel einzulassen, die wir selbst und Andere angewendet haben. — Wichtig ist es, die drohende Gefahr zu erkennen, und ihr vorzubeugen. Wenn uns daher zur Zeit der herrschenden scorbutischen Dyskrasie, besonders wenn gleichzeitig sich eine Neigung zum exsudativen Process in den serösen Häuten der Brustorgane zeigt, Kranke mit den oben bezeichneten Symptomen des scorbutischen Orgasmus und Congestion nach den Capillargefässen äusserer und innerer Organe aufstossen, so versäumen wir nicht sogleich eine Venaesectio anzustellen, nach der die Kranken meist auch selbst verlangen, und ein kühlendes Verfahren einzuhalten, dabei gleichzeitig durch blutige Schröpfköpfe derivirend auf die Brustorgane einwirkend. Das aus der Ader gelassene Blut zeigt in diesem Stadium noch keineswegs eine ausgesprochene, als scorbutisch bezeichnete Beschaffenheit, im Gegentheil findet sich fast constant eine dicke Faserschicht auf demselben gelagert, die sich von der entzündlichen nur durch eine gewisse Laxität und oft selbst ödematöse Beschaffenheit auszeichnet, und platt und breit auf dem Blutkuchen aufliegt, nie sich zusammenzieht, und nie die Consistenz des rein entzündlichen erreicht, so wie auch die häufig bei letzterem vorkommenden aufgeworfenen scharfen, ausgebuchteten dünnern Ränder fehlen; — demgemäss ist auch der Blutkuchen gestaltet, nämlich breit, an der Basis und Spitze von gleichem Umfang, nirgends den Wänden des Gefässes anhängend, mehr schwärzlich als roth, lockerer und leicht zu durchstossen; das Serum nicht durch seine gelbliche Farbe so lebhaft abstechend, sondern mehr röthlich gefärbt. Eine auffallende Erleichterung folgt gewöhnlich auf die Venaesectio, und in weniger dringenden Fällen bewirken diese auch schon eine Anzahl, zu beiden Seiten des Brustbeins gesetzte blutige Schröpfköpfe. Dabei ist eine durch kühlende Abführungen erzielte vermehrte Darmsecretion wesentlich unterstützend. Weniger Nutzen habe ich von starken Hautreizen, Senfteigen und Vesicatorien gesehen, ja sie mögen bei heftigem synochösen Charakter des orgastischen Zustandes eher nachtheilig sein. — Ist der Erguss schon erfolgt, so wird die Grösse der Gefahr theils durch die Schnelligkeit, theils durch die Quantität desselben bestimmt. Wird die Herzthätigkeit daher nicht zu plötzlich unterdrückt, bleiben Herz- und Pulsschlag noch einigermassen wahrnehmbar, so kann man noch auf Wiederherstellung hoffen, wofür mehrere Beispiele vorliegen.

Auch hier sind noch ein Aderlass und blutige Schröpfköpfe die Hauptmittel, und erleichtern wenigstens meistentheils den Zustand des Kranken, indem sie die durch die unterdrückte Herzthätigkeit überfüllten Organe frei machen und so die Möglichkeit einer Resorption, auch in den resorbirenden Gefässen des Herzbeutels, einleiten. Das in diesem Stadium gelassene Blut zeigt in der Regel schon keine Faserschicht mehr, sondern nur einen dem oben beschriebenen ähnlichen Blutkuchen, der aber noch mehr dem Zerfallen sich zuneigt und immer mehr sich mit dem Serum vermischt. Daneben sind Stuhl- und Urinbefördende Arzneien anzuwenden; hier können auch Hautreize, Frictionen der Extremitäten mit spirituösen und sauer-aromatischen Substanzen, Senfteige und grosse Vesicatore auf die Brust, angewendet werden, so wie überhaupt Alles, was die Tendenz nach der Peripherie befördert; von Anwendung der eigentlichen anti-scorbutischen Mittel Etwas zu erwarten, erlaubt die Indicatio vitalis nicht. Versuche, die man in diesem Stadium mit dem Chinin, als einem schnell in die Blutmasse übergehenden Mittel gemacht hat, haben zu keinem exacten Resultate geführt.

Auf den höchsten Stufen der Krankheit, wo Herz- und Pulsschlag gänzlich verschwunden sind, die Athemnoth auf's höchste gestiegen ist, die Kälte der Haut und der Torpor ihren äussersten Grad erreicht haben und ein wahrer Zustand der Agonie schon eingetreten ist, bleibt nur noch ein Mittel übrig, und dies ist die Entleerung der Flüssigkeit aus dem Herzbeutel durch die Paracentese. Sie wird nicht nur durch die Indicatio vitalis geboten, sondern ist auch das einzige Mittel, um die Resorption des oft gleichzeitig in andern Höhlen Ergossenen möglich zu machen, indem sie das Centrum aller Gefässthätigkeit und somit auch der Resorption, welches von einer solchen Menge des Exsudats und so plötzlich unterdrückt worden ist, frei macht. Ich übergehe das Geschichtliche der Operation und führe nur an *), was im Bereiche meiner Beobachtung gelegen hat. — Die erste Paracentese, wegen hämorrhagischen Ergusses in den Herzbeutel, wurde in Kronstadt, während der scorbutischen Epidemie im April des Jahres 1840, vom Dr. Karawajew gemacht, (worüber kurze Notizen sich in der preussischen Vereins-Zeitung und der Berliner medicinischen Central-Zeitung finden) — später ward sie noch ein Mal von demselben, und mehrere Male vom Stabsarzt Schönberg verrichtet. In allen Fällen wurde

*) In neuerer Zeit ist dieselbe Operation von Schuh und Skoda in Wien verrichtet worden, doch, so viel ich weiss, nicht wegen hämorrhagischen Ergusses. Die Fälle liefen tödtlich ab.

ein gewöhnlicher Trocar *) von etwas über Rabenfederkieldicke und etwa drei bis vier Zoll Länge angewendet, dessen silberne Canüle am Einstichende nicht gespalten war. Dem Kranken ward bald eine aufrechte, bald eine Lage auf der linken Seite in seinem Bette gegeben, nach wiederholter genauer Auscultation und Percussion ward der Trocar, entweder drei Querfinger breit vom linken Brustbeinrande zwischen die fünfte und sechste Rippe eingestochen, oder wie Schönberg bei seinen letzten Operationen vorzog, dicht neben dem linken Brustbeinrande. Bei der ersten Methode ist man sicher, die Arteria mammaria interna nicht zu verletzen, dagegen man in Gefahr geräth, den Herzbeutel nicht an einer Stelle zu treffen, wo seine vordere äussere Fläche noch an die Rippenknorpel angeheftet ist; dies kann zur Folge haben, dass, da die Trocar-Wunde in einem solchen Falle keinen zusammenhängenden Kanal bildet, nach dem Ausziehen der Canüle, die etwa noch im Pericardio zurückgebliebene Flüssigkeit sich in den linken Pleurasack ergiesst, oder von aussen her, während des Ausziehens der Canüle, Luft in den letzteren einströmt. — Macht man den Einstich nach der zweiten Methode nahe am Brustbeinrande, so vermeidet man diese Gefahr und da, wenn man den Einstichspunkt recht nahe am

*) Das neue von Schuh in Wien für Paracentesen des Brustkastens und Herzbeutels angegebene Instrument, hat noch bis jetzt nicht angewendet werden können; der Hauptzweck desselben ist, das Eindringen der Luft zu vermeiden. Dieses soll dadurch erreicht werden, dass die Ausflussöffnung der Canüle eines Trocars, in einen kleinen mit Flüssigkeit angefüllten Trog mündet, der an der Seite eine Abflussröhre besitzt, die über dem Niveau der Mündung der Canüle sich befindet. Auf diese Weise bleibt letztere während des Ausfliessens das Exsudates immer von der Flüssigkeit bedeckt, und es kann keine Luft eindringen. Die Erfahrung muss für die Zweckmässigkeit entscheiden.

Brustbeinrande wählt, auch wohl die Arteria mammaria interna vermieden wird, die in diesem Zwischenrippenraum fast einen Zoll vom Brustbeinrande entfernt verläuft, so wäre letztere vorzuziehen.

Um den Zwischenrippenraum zu treffen, in welchen man den Einstich machen will, muss man oft erst das gewöhnlich in der Herzgegend sich findende Oedem der Haut durch Drücken mit den Fingern beseitigen; dann stösst man den Trocar lege artis etwa zwei bis drei Zoll durch die Brustwandungen in den ausgedehnten Herzbeutel ein. Dass man in denselben gedrungen ist, merkt man gewöhnlich an dem aufgehobenen Widerstand, doch kommen Fälle vor, wo selbst bei tieferem Einstossen man noch auf Schichten stösst, die das Ausströmen der Flüssigkeit verhindern. Nach dem Ausziehen des Stilets stürzt dieselbe gewöhnlich in einem Strahl hervor, es sei denn, dass die Canüle gleich anfangs durch Schichten verlegt sei, wo dann das Exsudat nur langsam hervorsickert; — führt man jetzt, oder überhaupt während der Operation, wenn der Ausfluss stockt (welches, beiläufig gesagt, nicht durch Flocken des flüssigen Exsudats geschieht, indem dieses nie dergleichen enthält, sondern durch die Zotten und Fetzen der die innere Herzbeutelfläche auskleidenden Faserstoffschicht) eine Sonde durch die Canüle ein, um ihn frei zu machen, und stösst mit dieser an das Herz, so wird dieselbe deutlich durch die Bewegung des letzteren auf und abbewegt, als bester Beweis, dass man wirklich in dem Herzbeutel sich befinde.

Fast in allen Fällen war das Eindringen der Luft in den Herzbeutel unvermeidlich. Dies geschah mit hörbarem Geräusch, um so stärker, je mehr der Herzbeutel sich entleerte; zwar strömte ein Theil wieder heraus, doch blieb immer ein Pneumopericardium zurück, ausser in einem später noch anzuführenden Falle, der sich überhaupt durch mehrere Eigenthümlichkeiten unterschied.

Zugleich mit dem Ausfliessen des Exsudats empfinden die Kranken eine grosse Erleichterung, die sich in Worten und ihrem ganzen Habitus ausdrückt. Bald nach der Operation, etwa 3 — 4 Stunden, entwickeln sich auch die Herzschläge, und der gänzlich verschwundene Puls wird wieder fühlbar, dabei die Respiration zugleich ruhiger und leichter, — die ganze Körperoberfläche und zuletzt auch die Extremitäten, die Nase, Zunge, werden wieder warm und die Lippen bekommen ihre Röthe wieder. In allen Fällen, wo Luft eingedrungen war, wird der Percussionston in der Herzgegend tympanitisch, um die Stichwunde bildet sich Emphysem des subcutanen Zellgewebes, und der Herzschlag ist, wenn entweder nicht alle Flüssigkeit entleert war, oder diese sich von neuem angesammelt hatte, von einem deutlich hörbaren Plätschern begleitet, als deutlicher Beweis von gleichzeitiger Anwesenheit von Luft und Flüssigkeit.

Bei allen operirten Kranken war die Erleichterung auffallend, und obzwar nur wenige andauernde Resultate erzielt sind, so ist doch gewiss das Leben verlängert worden, indem manche erst nach 2—3 Wochen starben, die zur Zeit der Operation sich schon in Agonie befanden. Der Tod erfolgt nach der Operation entweder durch allzuweit vorgeschrittene Dyskrasie und tiefe Verletzung des Lebens des Centralorgans, denen zufolge meist neue Ergiessungen erfolgen, oder der günstige Erfolg wird durch Complicationen vereitelt, durch ähnliche Processe in andern serösen Höhlen, durch tiefe Leiden anderer Organe, wie der Leber und Milz. Von den Veränderungen, die man im Herzbeutel von Subjekten findet, welche einige Zeit nach der Paracentese zu Grunde gingen, ist oben die Rede gewesen. — Hier will ich nur zweier Fälle erwähnen, von denen der erste besonderes Interesse gewährt, weil er den Heilungsprocess im Herzbeutel geraume Zeit nach der Operation zeigt, —

der zweite, weil die Operation selbst von einigen Erscheinungen begleitet war, die vielleicht von praktischer Wichtigkeit werden können, und der Fall günstig auslief. — Der erste betraf einen Matrosen, Peter Angus, Ehste seiner Abstammung nach, 30 Jahr alt, von gutem untersetztem Körperbau. Ich übergehe hier die Geschichte seiner Krankheit, während seines achttägigen Aufenthalts im Hospital vor der Operation, und beginne sie von dem Tage an, wo die Operation an ihm gemacht wurde. Am 24. April 1840 Mittags um 12 Uhr fand Dr. Karawajew ihn in folgendem Zustande. Der Kranke lag flach auf dem Rücken, sein Gesicht war stark gedunsen, blau, desgleichen die Lippen, die Nasenspitze kalt, die Augen hervorstehend, fast unbeweglich, Hände und Füsse angeschwollen, der Puls nicht fühlbar, in der Herzgegend die Haut stark ödematös, die Percussion gab hier einen sehr matten Ton in grossem Umfange, fast in der ganzen vordern Fläche der linken Seite der Brust, die Herzschläge gar nicht zu hören, in der linken Seite der Brust nahe der Wirbelsäule zu Bronchial-Respiration, vorn aber gar kein Respirations-Geräusch; Percussion und Auscultation der rechten Seite der Brust zeigten nichts Abnormes. Der Athem war häufig und kurz, der Kranke klagte über Mangel an Luft; die Schwäche des Kranken so gross, dass er seine Arme „wie abgeschlagen" fühlte und sie kaum bewegen konnte. Der Unterleib so wie die Beine waren angeschwollen; in ersterem fühlte man beim Anschlagen mit der Hand deutlich Fluctuation. Nachdem Karawajew das Oedem aus der Haut weggedrückt hatte, um den Zwischenraum zwischen den Rippen zu fühlen, stach er den Trocar 3 Querfinger breit vom linken Brustbeinrande zwischen die fünfte und sechste Rippe ein. Nach Entfernung des Stilets flossen sogleich 3½ Pfund blutiger Flüssigkeit aus. Während des Abfliessens und besonders gegen das Ende strömte die

Luft mit starkem Geräusch in die Höhle des Pericardiums hinein und heraus. Gleich nach der Operation fühlte sich der Kranke etwas erleichtert; der Percussionston in der Herzgegend wurde tympanitisch, die Herzschläge konnte man nicht gleich hören, der Puls ward deutlicher. Gegen Abend hob sich der Puls, der Athem wurde freier, die Zunge und Lippen roth und warm, die Herzschläge hörbar, obzwar sehr schwach. Es wurde viel Urin secernirt. In den der Operation nächstfolgenden Tagen blieben die hydropischen Erscheinungen fast dieselben, und man erkannte durch Auscultation und Percussion auch ein Exsudat in der linken Seite der Brust, hierdurch eine fortwährende Beengung des Athems und Husten mit mässigem Auswurf, obzwar die Herzthätigkeit sich immer mehr entwickelte. Unter dem Gebrauche eines Decocti Juniperi mit Spiritus nitri dulcis und andern Mitteln und einer mehr kräftigenden Diät, nahmen die genannten hydropischen Erscheinungen an den Extremitäten, im Bauche und der Brust allmählig ab, und nach Verlauf von fünf Monaten war sein Zustand etwa folgender: Der Kranke ging herum, athmete frei, sein Gesicht drückte Ruhe und Freundlichkeit aus, auf dem grössten Theil des Körpers sieht man kleine braunröthliche Flecke um die Haarwurzel herum, der Unterleib ist etwas angeschwollen und fluctuirend, an Händen und Füssen kein Oedem. Die Herzschläge sind deutlich zu hören, sie sind regelmässig, aber etwas schwächer und entfernter als natürlich, keine Aftergeräusche im Herzen, der Puls normal, der Percussionston in der Gegend des Herzens ist natürlich, der Puls der Arterien normal. In der linken hinteren und untern Seite der Brust ist der Percussionston dumpfer als in der gleichnamigen rechten Gegend, das Respirations - Geräusch in beiden schwächer als natürlich; der Kranke hat überdem guten Schlaf und Appetit. — So lebte der Kranke in relativem Wohlsein bis zum Winter des nächsten Jahres bis gegen Ende Januar 1841, wo die wassersüchtigen Erscheinungen in Bauch und Brust gleichzeitig mit den scorbutischen zunahmen, denen er unterlag. — Die vom Herrn Stabsarzt Schönberg veranstaltete Section ergab Folgendes: im rechten Pleurasack 7 Pfund wässriger, in dem linken 4 Pfund röthlich gefärbter Flüssigkeit, jedoch keine Spur von festen Ablagerungen. Beide Lungen etwas komprimirt, besonders die linke, und welk. — Der Herzbeutel in- und extensiv stärker als gewöhnlich mit dem Brustbein verwachsen, auch die Punctionsstelle, welche durch eine leichte Einkerbung bemerklich war, und in deren Umfange das Pericardium verdickt und fast verknorpelt sich ausnahm. — Zwischen dem Herzen und Herzbeutel befand sich eine Membran, gleichfalls aus knorpelartigem Gewebe, an der man deutlich drei Schichten, die stellenweise dicker oder dünner, aber stets sehr fest mit einander verbunden waren, unterscheiden konnte; sie vermittelte die Verwachsung zwischen Herz und Herzbeutel, indem die innere Fläche des Pericardii und die äussere des Herzens überall, obzwar etwas loser als die Schichten der genannten Zwischenmembran unter sich, mit dieser verbunden waren *); das Herz selbst atrophisch. — In der Unterleibshöhle fanden sich 17 Pfunde blutiger Flüssigkeit und Faserstoff-Ablagerungen, vollkommen ähnlich denen, die bei Pericarditis exsudatoria sanguinolenta auf der Herzoberfläche gefunden werden, waren in grosser Menge, besonders auf der äussern Fläche der Därme, vorhanden. Leber und Milz welk. — Die Sec-

*) Ganz ähnlich beschreibt Laennec, Auscultation mediate. Paris, 1831. Tom. 2. p. 302. die Lagerung der Schichten von Pseudomembranen, welche in Folge von Pleuresieen, vorzüglich mit blutig gefärbtem Exsudat, Verwachsung zwischen der Pulmonal- und Costal-Pleura verursachen.

tion ergab somit eine völlige und zugleich die einzig mögliche Art der Heilung im Herzbeutel, wenn auch vielleicht die durch dieselbe veranlasste Unterdrückung der Herzthätigkeit mit daran Schuld war, dass die Dyskrasie in dem Kranken nie ganz erlosch und, sich auf einem andern Schauplatze concentrirend, die Katastrophe dennoch herbeiführte, welcher der Kranke vor neun Monaten schon so nahe gewesen war.

Der zweite Fall betrifft gleichfalls einen Matrosen und zugleich Landsmann des vorigen, Johann Titimann, der in Folge einer schnell verlaufenden Pericarditis exsudatoria sanguinolenta am 11. Februar 1842 vom Stabsarzt Schönberg im Zustande völliger Agonie operirt ward. Bei dieser Operation sind folgende Umstände bemerkenswerth: 1) Der Einstich ward nicht wie gewöhnlich 3 Querfinger breit vom linken Brustbeinrande zwischen der fünften und sechsten Rippe gemacht, sondern nur einen Fingerbreit davon entfernt. — 2) Der Trocar schien nicht frei in die Herzbeutelhöhle zu dringen, indem der Operateur trotz tiefer als gewöhnlichen Einstossens nicht das Gefühl des überwundenen Widerstandes hatte, und auch eine durch die Canüle eingeführte Sonde auf einen weichen Widerstand stiess; 3) dass das Blut nicht wie gewöhnlich in einem Strom ausfloss, sondern allmählig aussickerte, so dass die Entleerung des 5 Pfund betragenden Exsudats über eine Stunde dauerte. 4) Dass gar keine Luft in den Herzbeutel gelangte, welches man nach der Operation aus dem Mangel des tympanitischen Percussionstons in der Herzgegend und des plätschernden Geräusches bei jedem Herzschlage erkannte, so wie aus der Abwesenheit allen Emphysems im Umkreise der Wunde. — Gleich nach der Operation bekam der Kranke Chinin in starken Gaben, eine Drachme täglich. Er erholte sich auffallend schnell, schon nach 14 Tagen bewegt er sich, isst und schläft wie ein Gesunder; — die Leber scheint vergrössert zu sein und noch hatte er in beiden Brusthälften etwas Flüssigkeit. Als ich ihn vier Monate nach gemachter Operation sah, war weder in seinem Allgemeinzustande, noch örtlich im Herzen etwas Krankhaftes wahrzunehmen, die Stichwunde mit einer kleinen eingezogenen, kaum bemerkbaren Narbe vernarbt, das Herz schlug durchaus in jeder Hinsicht normal. Die Verwachsung des Herzbeutels, die hier gewiss ebenso wie im vorigen Falle erfolgt war, hatte demnach gar keinen Einfluss auf die Herzbewegung, nur waren in diesem Fall die entstandenen Pseudomembrane wahrscheinlich weniger fest und dicht, und hinderten die Function des Herzens weniger als im vorigen Fall, wo die Herzschläge immer etwas schwach und entfernt blieben. Der überaus glückliche Ausgang dieses Falles ward ohne Zweifel wesentlich bedingt durch die angeführten Umstände bei der Operation, wie das langsame Ausfliessen der Flüssigkeit (ohne Zweifel bedingt durch eine zufällige Vorlagerung von Faserstoffschichten) während dessen das Herz allmählig vom Druck befreit ward und demgemäss allmählig seine normale Ausdehnung und Zusammenziehungsfähigkeit wieder erlangte, und gleichzeitig der ausgedehnte Herzbeutel sich zusammenziehen konnte, — und den verhüteten Eintritt von Luft in den Herzbeutel, der immer die Herzthätigkeit unterdrückt *), wenn auch vielleicht als Reiz die adhäsive Entzündung der serösen Auskleidung begünstigt. Solche Umstände, wie sie hier durch Zufall bei der Operation bestanden, und den günstigen Erfolg derselben begün-

*) Dieser Unterdrückung wegen muss der Zutritt der Luft vorzüglich verhütet werden, weniger, weil sie auf die enthaltene Flüssigkeit zersetzend und bösartige Entzündung u. s. w. veranlassend wirkt, wenigstens hat man dergleichen bei Sectionen kürzere Zeit nach der Operation Verstorbener nicht gesehen.

stigten, durch die Kunst constant herbeizuführen, müsste gewiss von Nutzen sein, und es lässt sich von dem Schuh'schen Instrumente etwas Aehnliches wohl erwarten, besonders wenn man durch eine stärkere Leder- oder Gummielasticum-Klappe an der Ausflussmündung der Canüle in den Trog, den Ausfluss der Flüssigkeit so viel als möglich verlangsamt.

Es lohnte sich wohl des Versuches, die Verwachsung des Herzbeutels mit dem Herzen durch Einspritzung von reizenden Substanzen, die zugleich adstringirend wirken und dadurch zugleich einer neuen Ergiessung von Flüssigkeit vorbauen, wie z. B. der Auflösung von Lapis infernalis, zu begünstigen.

Mehr als die eben besprochene Krankheit scheint den Beobachtern des Scorbuts die scorbutische Entzündung 6) der Pleura bekannt gewesen zu sein: wohl meistens ihren Erscheinungen, weniger ihrem anatomischen Charakter nach. Es ist schon oben das Allgemeine über den letztern gesagt, und die Produkte derselben, die Faserstoff-Ablagerungen und das flüssige Exsudat beschrieben worden. Letzteres unterscheidet sich durch nichts von dem im Herzbeutel angetroffenen; hinsichtlich der ersteren ist zu wiederholen, dass sie bisweilen ganz fehlen, auch wenn eine grosse Menge flüssigen Extravasats vorhanden ist, (Sections-Befund an P. Angus und andere Fälle, z. B. die dritte Beobachtung) was ich am Herzbeutel nie beobachtet habe, — dass die abgelagerten Schichten nie von bedeutender Dicke und immer stark mit Blut getränkt sind, während die unterliegende Pleura sugillirte Flecken von verschiedener Grösse und Anzahl zeigt, — dass sie das zottige Aussehen vorzüglich dort haben, wo sie der Pulmonal-Pleura aufsitzen, und zwar mehr an den unteren Theilen der Lunge als an den oberen.

Das hämorrhagische Exsudat ist im Allgemeinen nicht selten in den Pleurasäcken, doch nicht immer von gleicher Natur. Dasjenige, welches uns zunächst interessirt, unterscheidet sich wesentlich von andern Ansammlungen blutiger Flüssigkeit in diesen Höhlen. Diejenigen übergehend, welche in Folge traumatischer Einwirkungen oder durch Zerreissungen des Lungengewebes in Folge von Apoplexie in letzteres entstanden, welche sich alle durch die Genese sowohl anatomisch als diagnostisch leicht unterscheiden lassen, erwähne ich hier nur derjenigen Exsudate, die leichter mit den scorbutischen verwechselt werden können. — In Folge heftiger gemeiner primitiver Pleuresieen finden wir häufig ein mehr oder weniger intensiv blutig gefärbtes seröses Exsudat, — dieses enthält aber nie so viele blutige Bestandtheile, dass es völlig das Aussehen des Blutes annähme, immer waltet das Serum vor; in der Flüssigkeit schwimmen häufig Flocken und coagulirte Blutklümpchen, und die Pleura ist in der Regel mit um so dickeren, frischen weichen gallertartigen, gelblichen oder blassröthlichen Faserstoff-Ablagerungen bedeckt, je weniger blutreich die Flüssigkeit ist; — der Verlauf der Krankheit war der einer rein inflammatorischen, sthenischen; das Subjekt weder durch andere Krankheiten cachectisch geworden, noch zeigte es Spuren früher überstandener Pleuresieen. — Wo Letzteres der Fall ist, die Pleuresie mit Zurücklassung von dicken Pseudomembranen unvollkommen geheilt war, da entsteht durch eine neu angefachte Entzündung, oder wie Laennec, l. c. vol. 2. p. 300 angiebt, in dem Zeitraume, wo sich blutführende Gefässe in den Pseudomembranen zu entwickeln beginnen, durch eine „aberration ou excès du travail de la nature médicatrice" eine Hämorrhagie und veranlasst ein oft sehr bedeutendes und auffallender blutig gefärbtes Exsudat als die primitive, genuine Pleuresie. Solche Kranke befinden sich aber gewöhnlich in Folge der überstandenen Krankheit, der beeinträchtigten Blutbereitung durch die in ihrer Thätigkeit beeinträchtigten Lungen, in einem cachectischen Zustande, — in den von Laennec p. 352 u. s. w. erzählten Fällen waren ausserdem die Lungen tuberculös und die Leber in einem Fall fettig, in dem andern scirrhotisch entartet, — so dass das hämorrhagische Exsudat sich wohl auch und wahrscheinlicher aus einer secundär entstandenen Dyskrasie, welche zu Blutaustretungen geneigt machte, erklärt werden kann. So namentlich scheint das mit Tuberculose in den Exsudatschichten der Pleuren in Verbindung stehende hämorrhagische Exsudat zu entstehen. — Alle diese Fälle des hämorrhagischen Exsudats unterscheiden sich nun theils durch ihre Genese, theils durch ihren anatomischen Charakter von dem primitiv auf einer scorbutischen Dyskrasie basirenden, nur gelegentlich nach den Pleurahöhlen determinirten blutigen Exsudat, welches uns zunächst interessirt. Laennec nennt dieses „épanchement sanguin spontané“ l. c. p. 408., und schreibt es mit Recht einer allgemeinen hämorrhagischen Disposition zu, die wir als scorbutische specificiren. In der That kommt es fast immer mit andern scorbutischen Symptomen, scorbutischen Habitus und Affection der untern Extremitäten, des Zahnfleisches u. s. w., vergesellschaftet vor, zu einer Jahreszeit, wo der Scorbut dominirt, und bildet sich eben so rasch, wie alle übrigen scorbutischen Ergiessungen. Dem Erguss geht, wie in der Pericarditis, nur ein kurzes Congestionsstadium mit Seitenstich — der als Pleurodyne scorbutica, scorbutischer Seitenstich u. s. w. von den meisten Autoren beschrieben wird, — trocknem oder von einem dünnschleimigen, weisslichen oder röthlichen Auswurf begleiteten Husten, härtlichen, mässig frequenten Puls und erhöhter Temperatur voraus; — sobald der Erguss erfolgt, geschieht es gewöhnlich gleich in einer grossen Quantität. Die objektiven, namentlich die physikalischen Zeichen desselben sind, wie bei andern grossen pleuritischen Ausschwitzungen, plötzlich sehr beschwerlich werdender Athem, frequenter kleiner Puls, oft Oedem der Haut der afficirten Seite, dumpfe Percussion in grossem Umfange, gänzlich verschwindendes, oder bis an die Wirbelsäule zurückgedrängtes Respirations-Geräusch, Verdrängtsein des Herzens nach einer oder der andern Seite, je nach dem Stattfinden des Exsudats in dieser oder jener Seite, Fortpflanzung der Herzschläge durch die Flüssigkeit im ganzen angefüllten Brustraume an dem entsprechenden Brustumfange, Herabtreten der Leber oder der Milz, dadurch Aufgetriebensein, selbst Schmerzhaftigkeit der Hypochondrien u. s. w. Kommt die Pleuritis scorbutica mit der Pericarditis zusammen vor, so werden ihre Symptome von den das Allgemeingefühl des Kranken stärker afficirenden Vorgängen der letztern oft so verdeckt, dass man ihre Existenz nur durch die objektiven und physikalischen Kennzeichen entdeckt. Eine gewisse Apathie und grosses Schwächegefühl von Seiten des Kranken ist auch dieser Krankheitsform eigen, der Zustand wird von ihnen gleichfalls nicht so empfunden, wie man es aus der Grösse des Leidens schliessen sollte, die Lage, die sie annehmen, ist meist auch eine horizontale Rückenlage. Oedem der Extremitäten und Kälte stellt sich hier seltener und später ein als in der Pericarditis. — Häufiger, wenn auch überhaupt selten, findet hier der Ausgang in Resorption statt, als in der Pericarditis, — und scheint bei kleinem Exsudat dieselbe mit gänzlicher Wiederherstellung vereinbar zu sein; ob die Bildung fibro-cartilaginöser, die Lunge in ihrer Ausdehnung behindernder Pseudomembrane mit inniger Verwachsung der Parietal- und Pulmonal-Pleura und consecutiver Verengerung und Einsinken der betreffenden Brusthälfte, den mit hämorrhagischem Exsudat verbundenen Faserstoff-Ablagerungen vozugsweise eigen sei, wie Laennec a. a. O. behauptet, kann ich aus eigner Erfahrung nicht bestätigen; wenn aber eine Analogie zwischen den serösen Häuten des Herzbeutels und der Brusthöhle statuirt werden kann, so sprechen dafür die Sectionsbefunde an in der Heilung begriffenen oder völlig geheilten, mit Pericarditis haemorrhagica behaftet gewesenen Subjekten, (siehe oben) obzwar mir dergleichen fibro-cartilaginös geschichtete Ablagerungen mit Einsinken des Thorax häufig auch an Individuen vorgekommen sind, wo man durchaus keine hämorrhagische Pleuresie nachweisen konnte. Es wäre sehr möglich, dass das hämorrhagische Exsudat auch in jenen Fällen, wo es zusammen mit der fibro-cartilaginösen Ablagerung u. s. w. gefunden wurde, mehr Folge als Ursache derselben war, wie schon oben angedeutet ward. Die Entwickelung von Gasen aus dem hämorrhagischen Exsudate ist mir nicht vorgekommen. Der häufigste Ausgang bleibt, sobald das Exsudat sehr bedeutend ist, der in Tod, bedingt durch plötzliche Zusammendrückung und Unwegsamwerden des Lungengewebes und die bestehende Dyskrasie.

Von der allgemeinen Behandlung gilt hier dasselbe, was bei der Pericarditis gesagt worden ist. Hier wie dort muss im Stadium der Congestion, wenn man zeitig genug dazu kommt, ein antiphlogistisches und derivirendes Verfahren eingehalten werden, — nach erfolgtem Erguss scheinen Vesicatore und die seröse Secretion der Darmschleimhaut erweckende Mittel das Meiste zu thun. Erst in der Nachbehandlung kann an direkt gegen die Dyskrasie wirkende Mittel gedacht werden, wobei Bewegung und Aufenthalt in freier Luft am meisten zur Resorption des übriggebliebenen Exsudat beitragen. Die Paracentese ist auch hier öfter gemacht worden, und zwar ebenfalls mit dem Trocar, doch bis jetzt noch in keinem Falle mit günstigem Erfolge; — gewöhnlich erzeugt sich das Exsudat so rasch wieder in derselben

Quantität, so dass der Kranke, obzwar er durch die Operation erleichtert, und das Leben auf einige Zeit gefristet ward, dennoch bald zu Grunde ging. Das Eindringen von Luft ist hier gleichfalls schwer zu vermeiden; die Regel, dass man bei der Inspiration die Oeffnung der Canüle verschliessen soll, ist schwer zu beobachten, indem die Athembewegungen des Kranken zu unregelmässig sind, um immer den rechten Moment zu treffen.

Der Frequenz nach, kommt zunächst der scorbutische Erguss *c*) in der Höhle des Peritoneums vor, doch ist er im Verhältniss zu beiden vorher besprochenen Formen selten. Unter 60 Fällen von scorbutischer Affection seröser Häute fand man sie während der Epidemie von 1840 in Kronstadt nur zwei Mal, wo man die Entstehung des Exsudats mit einer scorbutischen Diathese in unzweifelhafte Causal-Verbindung setzten konnte*). Die Quantität des flüssigen Exsudats ist gewöhnlich sehr bedeutend, — 30 bis 40 Pfund, — und unterscheidet sich durch nichts von den Ergüssen in den Herzbeutel und die Pleurahöhle; die festen faserstoffähnlichen Ablagerungen sind ebenfalls durchaus denen unter gleichen Umständen entstandenen zottigen oder moosartigen auf der Lungenpleura und der serösen Herzoberfläche ähnlich, und überziehen vorzugsweise den serösen Ueberzug des Darmkanals, während auf dem den Bauchwänden angehörigen Peritonealblatte dünne, weiche, glatte, blutig gefärbte und infiltrirte Schichten verbreitet sind; feste Zusammenklebungen der Darmwindungen unter einander oder mit der Bauchwandung kommen wenig vor. Die Identität in Beschaffenheit des flüssigen Exsudats sowohl

---

*) Von den im subserösen Zellgewebe des Peritoneums vorkommenden Flatschen und Sugillationen ist schon oben die Rede gewesen; mit ihnen ist weder ein festes noch flüssiges charakteristisches Exsudat nothwendig verbunden.

als der festen Ablagerungen mit denen der andern serösen Häute, das Vorkommen der Krankheit unter denselben Umständen, zur Zeit der herrschenden scorbutischen Dyskrasie und mit andern scorbutischen Symptomen gleichzeitig, so wie die Abwesenheit anderer Zustände, die sonst das hämorrhagische Produkt auf dem Peritonaeum bedingen, scheinen zur Annahme einer besondern scorbutischen Entzündung auch des Bauchfells zu berechtigen. Das hämorrhagische Exsudat ist auch sonst, wie bekannt, in der Peritonealhöhle nicht selten, — in geringeren Graden waltet das Serum vor, und der Erguss bildet nur eine blass blutig gefärbte Flüssigkeit, in andern Fällen aber gewinnt es schon mehr das Ansehen eines rein blutigen Ergusses. Dieses ist mir ausser dem als scorbutischer Peritonitis bezeichneten Process vorzüglich unter folgenden Umständen vorgekommen: 1) bei gleichzeitigem Vorhandensein eines organischen Leberleidens, vorzüglich der Atrophie mit Verhärtung, als Ursache des Ascites; 2) mit der Bildung von Tuberkeln auf dem Peritonaeum. — Im ersten Falle scheint die nächste Ursache der hämorrhagischen Natur des Ergusses in dem Moment mit der primären scorbutischen Peritonitis zusammenzufallen, als auch dort durch die Leberkrankheit ein scorbutischer Zustand des Blutes entstanden war, der sich dann bei einem entstehenden Ascites in einer Hämorrhagie aussprach, doch ist auch hier mit dem hämorrhagischen Exsudate eine Tuberkel-Ablagerung auf dem Peritonaeum häufig verbunden, jene zottigen Schichten dagegen scheinen vorzüglich der primitiven scorbutischen Form anzugehören. Wie grossen Einfluss eine gestörte Gallenbereitung auf die Blutbildung hat, ist theoretisch und praktisch erwiesen, und wie leicht und oft gerade ein scorbutischer Zustand dadurch entsteht, werden wir später noch ausführlicher betrachten.

Auffallend ist das häufig gleichzeitig mit Tuberculose vorkommende hämorrhagische Exsudat des Peritonaeums; in den meisten von mir beobachteten Fällen waren auch Tuberkel in andern Organen gleichzeitig vorhanden, doch liegen auch mehrere Fälle vor (siehe dritte und zehnte Beobachtung), wo sie nur auf dem Peritonaeum vorkamen. Das oben berührte Verhältniss von Leberkrankheit zur Blutentmischung, so wie beider zur Tuberkelbildung, scheint die letztere in unmittelbare Causal-Verbindung mit der Blutentmischung, so wie in mittelbare mit der Leberkrankheit zu setzen. Findet sich ja doch bei den meisten Tuberkulosen auch eine augenfällige krankhafte Beschaffenheit der Leber als sogenannte Muskatnussleber, als Fettleber u. s. w., die wir mehr als eine Ursache denn als eine Folge oder selbst nur als coordinirtes Glied für die Tuberkulose anzusehen haben. Wo also auch keine so augenfällige Ursache der Blutentmischung statt findet, wie eine kranke Leber, und beide Zustände, — Blutkrankheit, die unter begünstigenden Umständen zur scorbutischen Beschaffenheit gesteigert wird, und Tuberkulose zugleich — vorkommen, können wir wohl annehmen, dass letztere durch erste bedingt sei, die Ursachen aber der Blutkrankheit die entfernten für die Tuberkulose seien. Erst dann, wenn, wie bei vorgeschrittener Tuberkelbildung in den Lungen, die Thätigkeit der letzteren wesentlich gehemmt ist, entsteht auch eine Rückwirkung der Tuberkulose auf die Hämatose.

Eine Verwandtschaft zwischen der Tuberkulose und der scorbutischen Blutentmischung, sei sie nun primär oder durch Leberkrankheit u. s. w. bedingt, thut sich auch in den äusseren Ursachen kund; hier wie dort sind es der Aufenthalt in einer unreinen nicht hinlänglich erneuten Luft, das Zusammenleben von vielen Menschen in einem engen Raume, der Mangel an Licht und Wärme, die durch feuchte oder sumpfige Luft anhaltend unterdrückte Hautthätigkeit, eine nicht hinreichende, dem Körper angemessene Nahrung, der Mangel an Muskelbewewegung im Allgemeinen, und speciell der Respirationsmuskeln, und somit unzureichende Thätigkeit der Lungen. — Es ist bekannt, dass man durch Anhäufung solcher äusserer Verhältnisse, in Thieren gleichsam künstlich Tuberkeln erzeugen könne, — ähnliche Verhältnisse, unter denen z. B. in Kerkern bald Tuberkeln entstehen, bald die mit hervorstechender Blutkrankheit verbundenen Kerkerfieber, bald ein ausgesprochener Scorbut in verschiedenen Formen (selbst als cor villosum „der Verbrecher"), — bald als Leberkrankheit (Caspar Hauser's Leber; — die Fettleber der Gänse). — Zu erwähnen ist auch noch bei dieser Gelegenheit der grossen Aehnlichkeit, welche die Symptome einer acut entstehenden Tuberkulose mit denen einer andern Blutkrankheit, dem Typhus haben, — eine Aehnlichkeit, die so gross ist, dass meist erst die Section die Diagnose entscheidet, — so wie die Erfahrung, dass sich nach dem Typhus nicht selten Tuberkulose und Phthisis pulmonalis ausbilden (Schönlein's Vorträge nach Güterbock Fall 1. und später an verschiedenen Stellen), siehe auch die zehnte Beobachtung).

Bei dem mit Tuberkelbildung verbundenen hämorrhagischen Process des Peritonaeums ist die Quantität der Flüssigkeit nicht so bedeutend, als in der als primär bezeichneten scorbutischen Peritonitis, auch hat sie nicht immer die gesättigte Farbe. Die Tuberkeln findet man gewöhnlich in verschiedenen Stadien der Entwickelung. Während das übrige Peritoneum je nach dem Stadium der Entwickelung der Tuberkeln entweder unverändert ist, oder eine mehr oder weniger intensiv bläulichschwarze oder schattirt fleckige Färbung darbietet, bemerkt man einzelne zugespitzte stecknadelkopf- bis linsengrosse Blutaustretungen, die sich mit dem Peritonaeum hin und her schieben lassen, und ihren Sitz in der dem subserösen Zellgewebe zunächst angrenzenden Schicht des Peritonaeums zu haben scheinen; — an manchen solcher Blutaustretungen ist gleichzeitig schon ein weissliches härtliches Knötchen, als miliärer Tuberkel zu bemerken, so dass ein Theil der Erhabenheit von dem ausgetretenen Blute, der andere von dem Tuberkelkörperchen gebildet ist; an andern Stellen findet man letzteres für sich bestehend, — an noch andern ist es schon eine grössere, linsen- bis erbsen- und bohnengrosse Ablagerung, die dann aber mehr abgeplattet als kugelförmig ist, und nicht selten gezackte oder vielmehr wellenförmige Ränder zeigt, welche Form anzudeuten scheint, dass hier mehrere Ablagerungen zusammengeflossen sind; diese sind dann auch von weicherer Consistenz als jene miliären Ursprünge, haben eine mehr markige oder käsige Beschaffenheit, doch habe ich sie nie bei weiterer Ausbildung so fest gefunden, wie z. B. in den Lungen, den Mesenterialdrüsen u. s. w. und enthalten bisweilen noch beigemischte Blutklümpchen. Ihr Umkreis ist, so lange sie als miliäre Tuberkeln bestehen, bisweilen unverändert, in späteren Stadien aber immer schwärzlich, ringförmig mit verwischten Rändern, so wie das ganze Peritonaeum missfarbig und mattglänzend, das flüssige Exsudat gesättigter und reichlicher, so dass der tuberkulöse Process mit dem hämorrhagischen gleichen Schritt zu halten scheint. Weiter ausgebildet findet man sie auf dem die Bauchwände auskleidenden Theil des Peritonaeums, besonders aber in der Inguinalgegend, wo sie die Grösse eines 10 Kopek-Silberstücks erreichen, — mehr die miliäre Form auf den Dünndärmen, dem Netz, dem Ueberzug der Leber, den Mesenterialplatten. Diese beschriebene Tuberkeleruption kommt entweder allein für sich vor, oder gleichzeitig mit ihr finden sich Ablagerungen mehr oder weniger dicker, missfarbiger, die

Darmwindungen verklebender Pseudomembranen, — nach deren Entfernung durch Schaben mit dem Scalpellrücken, die Tuberkelablagerung unter der Tunica serosa sichtbar wird. Die Mesenterialplatten, welche oft selbst bei grosser Ausbreitung der Pseudomembranen von diesen verschont bleiben, bieten auch in diesem Fall unverkennbare meist miliäre Tuberkelablagerungen und kleine Blutaustretungen dar. In der Pseudomembran selbst habe ich die Ablagerung nicht beobachtet, obzwar sie vorkommen soll.

Die Muskel- und Schleimhaut des Darmkanals sind entweder ganz unverändert, besonders wo nur Tuberkelbildung ohne Pseudomembranen sich findet, oder man sieht, den Stellen des Peritonaeums entsprechend, die stark sugillirt sind, auch die Schleimhaut stark blauschwarz injicirt und aufgelockert. Bei bedeutender Ablagerung von Pseudomembranen sind häufiger alle Häute des ganzen Darmkanals, mit Ausnahme des Duodenums, verdickt, gleichzeitig erweicht und leicht zerreissbar. — Das gegebene Bild der Peritonealtuberkeln scheint zu beweisen, dass wirklich Blut sich in Tuberkel umbilden kann, indem sich der Tuberkelstoff in demselben ablagert; wir sahen, dass neben den kleinsten Blutaustretungen in d e m s e l b e n Heerd auf d e m s e l b e n Boden auch schon das miliäre Tuberkelknötchen anschiesst, und sich dann auf Kosten des ausgetretenen Blutes vergrössert, dass dann mehrere sich zu grösseren Tuberkelmassen vereinigen und diese, einmal gebildet, ihre selbstständige Entwickelung und Verlauf einhalten, indem sie sich in dem angrenzenden Gewebe ausbreiten, erweichen u. s. w. Aus der Analogie mit diesem Process auf dem Peritonaeum liesse sich auch wohl eine ähnliche Entstehungsweise der Tuberkeln in andern Geweben annehmen, wie in dem submucösen Zellstoff der Lungenbläschen oder vielleicht in dem Lumen derselben selbst, u. s. w. Diese Ansicht gewinnt durch die angeführten Thatsachen an Wahrscheinlichkeit, wenn man der oben erwähnten Verwandtschaft der Ursachen bei beiden Zuständen nämlich der Blutzersetzung und der Tuberculose gedenkt; die beiden eigenthümliche Laxität der festen Gewebe, welche die Ablagerungen begünstigen, mag secundär aus krankhafter Hämatose hervorgehen.

Wo bereits Tuberkeln in andern Organen bestehen, kommt die Bildung derselben mit dem hämorrhagischen Process auch um so leichter auf dem Peritonaeum zu Stande, doch sehen wir dieselbe (wie in den Fällen der dritten und zehnten Beobachtung) auch primär und acut sich auf dem Peritonaeum entwickeln *). Die Blutaustretungen und consecutiven Ablagerungen in denselben können zu Stande kommen, ohne einen auffallenden Irritationszustand, obzwar ein Reiz ihre Bildung befördern mag; deshalb ist auch ihre erste Entstehung oft so dunkel, und selbst bei der acuten Bildung auf dem Peritonaeum in Verbindung mit dem hämorrhagischen Exsudat entbehrt sie oft der ausgesprochenen Zeichen, die einen Reizzustand des Peritonaeums zu begleiten pflegen, wodurch sie nicht selten unbemerkt vom Kranken und Arzt am Schlusse eines tuberculösen Lungenleidens, zu welchem sich der verwandte Scorbut hinzugesellt hatte, oder einer chronischen Leber- oder Milzkrankheit mit secundärem Scorbut, erscheint und die letzte Katastrophe des combinirten Leidens bildet. Zur Diagnose möge indess hier dienen eben das erkannte tuberculöse Leiden eines andern Organs oder die offenbare Leber- und Milzkrankheit, besonders wenn auch Scorbut an seinen Normalstellen hervortritt, dann, was die örtlichen Erscheinungen betrifft, die oft plötzlich bemerkte Verände-

*) Das häufige Zusammentreffen von Scorbut und Tuberkeln bemerkt auch Roupp a. a. O.

rung am Unterleibe, nachdem eine Zeit lang Diarrhöe und dumpfer Schmerz vorausgegangen sind, seine Auftreibung und Spannung durch ergossene Flüssigkeit, — die aber, wie gesagt, in so bedeutender Quantität vorhanden ist, wie in der rein scorbutischen Peritonitis oder in den meisten Bauchwassersuchten überhaupt, — verbunden mit geringem Schmerz, einem auffallenden Sinken der Kräfte, kleinem kontrahirten zuletzt zitternden Pulse, kalten Extremitäten, und meist tief ergriffenem Sensorium, Bewusstlosigkeit, stillen Delirien u. s. w. anfangs vermehrten, meist flüssigen gegen das Ende aber oft angehaltenen Darm-Excretionen, wozu denn noch Meteorismus tritt. In einigen Fällen erwies sich das Leiden des Sensoriums als durch eine auffallende Ansammlung von Wasser in den Gehirnhöhlen und Erweichung der dieselben bildenden Gehirntheile begründet, ja in einem Falle (siehe die zehnte Beobachtung) schien ein solcher Zustand sich schon früher gebildet zu haben und verschleierte den Vorgang auf dem Peritonaeum so sehr, dass er erst bei der Section entdeckt ward. — Noch schwieriger ist die Diagnose der Peritoneal-Tuberkeln, wo keine anderweitige Tuberkel auf die Diagnose führt (wie im zweiten, dritten und zehnten Fall.)

Die als rein scorbutischer Process bezeichnete Peritonitis hämorrhagica zeichnet sich aus durch das plötzlich entstehende bedeutende Exsudat mit deutlicher Fluctuation in einem mit Scorbut behafteten Individuum, zu einer Zeit, wo der Scorbut herrscht, mit verhältnissmässig wenig ausgesprochenen, vorausgegangenen entzündlichen Erscheinungen, schnellem Sinken der Kräfte, der jeder Peritonitis eigenthümlichen Beschaffenheit des Pulses und Hauttemperatur und der den Scorbutischen so eigenthümlichen Apathie. Ob hämorrhagische Ergiessungen auch bei bestehenden älteren Pseudomembranen und gleichsam aus diesen statt finden können, wie auf der Serosa des Herzbeutels und der Pleura, kann ich aus eigener Erfahrung nicht entscheiden.

Dass die Prognose bei Peritonitis tuberculosa immer schlecht sein muss, leuchtet aus der Natur der Krankheit ein, die auf einem tief erschütterten Blutleben beruht, dessen Produkt ist. — Rein scorbutische Ergüsse von geringerer Menge in die Bauchhöhle, scheinen einige Zeit bestehen zu können, wenn sie mit keinen bedeutenden Faserstoff-Ablagerungen verbunden sind, und werden vielleicht selbst resorbirt, — plötzlich entstandene und sehr grosse Exsudate unterdrücken die Lebensthätigkeit in verschiedenen Richtungen so bedeutend, dass sie schnell tödten.

Die Behandlung ist wenig wirksam. Das kurze, congestive Stadium bei der rein scorbutischen Peritonitis wird oft kaum bemerkt, und die Blutentziehungen, Derivationen u. s. w. werden schwerlich das zweite Stadium verhüten. In diesem würde die Behandlung nicht von der eines serösen Ascites abweichen, was die Anwendung der resorptionsbefördernden und Secretion erregenden Mittel betrifft, — mit gehöriger Berücksichtigung indess bei der etwaigen Nachbehandlung der als antiscorbutisch wirksam erkannten Mittel. Die Paracentese ist im Bereiche meiner Erfahrung in diesen Fällen nicht gemacht worden. — Noch trostloser ist die Behandlung in der Peritonitis haemorrhagica tuberculosa. Die einzige Indication giebt hier die Euthanasie.

Ein analoger Process, wie der auf den seither betrachteten serösen Membranen, ist ein Mal von Dr. Karajew auf der Arachnoidea beobachtet worden, — auch hier fand sich das flüssige hämorrhagische Exsudat mit den bekannten Faserstoff-Ablagerungen. Der Kranke starb unter den Erscheinungen der Apoplexie.

II. Das Drüsengewebe wird häufig durch den Scorbut in Mitleidenschaft gezogen, oder schon erkrankte, namentlich scrophulös oder syphilitisch afficirte Drüsen werden bei erwachendem Scorbut durch denselben modificirt. — Das Erstere kommt besonders häufig bei bedeutenden scorbutischen, tief eingreifenden oder brandig werdenden Geschwüren der untern Extremitäten, an den Leistendrüsen vor. Es entsteht dann unter lebhaften Schmerzen rasch eine ausgebreitete bläuliche, bald in Fluctuation übergehende, nur selten sich vertheilende Geschwulst; wenn dieselbe aufbricht, oder geöffnet wird, so ergiesst sich entweder nur zähe, schwarze, blutige oft grumulöse Flüssigkeit oder seltner eine blutige Jauche. Nach der Entleerung bleibt gewöhnlich noch lange eine Verhärtung zurück oder es tritt scorbutischer, weit um sich greifender Brand auch hier ein. Dieselben Ausgänge treten an schon früher erkrankten Drüsengeschwülsten ein, zu denen sich der Scorbut gesellt, so an syphilitischen Bubonen, scrophulösen Hals- und Achseldrüsengeschwülsten. — Beim Ausgange in Verhärtung betrifft diese entweder zugleich die Haut, die verdickt, callös und aufgeworfen sich zeigt, besonders, wo sie etwa gespalten war, ähnlich wie bei andern verhärteten Bubonen, nur in viel grösserem Umfange und von dunkler schwarzblauer Farbe und dünnjauchiger Secretion, — oder es betrifft die Verhärtung mehr nur die Drüsen und das Zellgewebe selbst; dann verdünnt sich die die Geschwulst bedeckende schwarz-bläuliche Haut an mehreren Stellen, bricht durch und es ergiesst sich Jauche oder schwärzliches, dickes Blut, und Fisteln entstehen, die theils unter der verdünnten Haut hin- und herlaufen, theils die Geschwulst in allen Richtungen der zellgewebigen Zwischenlager durchlaufen. Wenn die Constitution des Kranken es aushält und gehörig unterstützt wird, so wird nach Monaten, ja nach Jahren, endlich die ganze Geschwulst durch Verjauchung theils zerstört, theils erweicht sie sich auf dem Wege der Vertheilung, und die Haut, die bereits so dünn und mürbe war, dass man von ihr keine Lebensthätigkeit mehr erwarten durfte, gewinnt einigermassen ihre normale Beschaffenheit wieder, sie verwächst mit den darunter liegenden Theilen, und es erfolgt die Heilung mit Hinterlassung von eingezogenen Narben mit härtlichen Umgebungen, verschieden von den noch einfachen scorbutischen Haut- und Zellhaut-Geschwüren entstehenden Narben, welche ganz glatt und meist blau und weich sind. — Bei Drüsengeschwülsten, die von scorbutischem Brand ergriffen waren, werden erst Haut und Zellgewebe rasch und in grossem Umfange zerstört, so dass die Drüsen zuletzt allein in der Brandstätte zurückbleiben, in ihr gleich kugeligen Erhabenheiten meist speckartig verhärtet, schwarz an den oberflächlichen Schichten, gelblich weiss auf dem Durchschnitt, von Jauche umspült hervorragen, bis auch sie von ihrer noch bestehenden schwachen Verbindung gelöst abfallen, nicht selten von Hämorrhagie begleitet. Trotz der grossen Verheerungen kommen doch auch Heilungen nicht selten vor, doch meist nicht von nachhaltiger Dauer; auch wo sich solche Geschwüre reinigten, ist immer ein Wiederauflockern der Gangrän zu befürchten, die dann noch um so schneller um sich greift; dies kann geschehen, selbst wenn das Geschwür sich schon bis auf einen ganz kleinen Punkt geschlossen hatte. In solchen Fällen wäre das einzige prophylactische Mittel, den Kranken aus dem Hospital zu entfernen. — An den Mesenterialdrüsen habe ich keine dem Scorbut eigenthümliche Zustände gesehen; wenn sie verändert sind, so ist dies mehr durch die Complication mit Tuberculosis bedingt. — Die Behandlung unterscheidet sich nicht wesentlich von der bei anderen Drüsengeschwülsten, die in Brand oder Verhärtung übergehen; nur sind unter den vertheilenden Mitteln die Mercurialia zu vermeiden; Blutegel sind nicht im Stande, der Bildung des scorbutischen

Abscesses vorzubeugen, eher geschieht dies durch Kälte und Vesicatore. — Nach dem Aufbruche, dem gewöhnlich grosse Empfindlichkeit vorhergeht, sind aromatische Umschläge und mit Nutzen auch die Bierhefe anzuwenden, wenigstens verändert letztere am schnellsten die dunkle scorbutische Farbe des Geschwürumfanges und Grundes in eine der normalen ähnlichere; die Secretion wird häufig besser, und im günstigen Falle schiessen Granulationen hervor, die aber leicht wuchernd, und dann am besten durch Alaun im Zaum gehalten werden. Beim Ausgange in Verhärtung und Brand sind die allgemeinen Regeln zu beobachten; — die Anwendung des Messers braucht man nicht zu sehr zu fürchten, wo man sich aufgefordert sieht, bei lange bestehenden Verhärtungen und Exulcerationen der Haut und des Zellgewebes, Fisteln zu spalten. Bei bestehendem Brand aber ist es so gut zu vermeiden wie im Brand von andern Ursachen. Eine Hauptsache bleibt eine zweckmässige diätetische Behandlung, vor Allem der Genuss einer guten Luft.

Von allen Geweben scheint am wenigsten vom Scorbut ergriffen zu werden: *I.* das N e r v e n g e w e b e; wenigstens hat man seither keine einzige Veränderung anatomisch nachweisen können; ebenso wenig als sich aus den Symptomen auf ein Erkranken desselben schliessen liesse. Bei den Fällen Nr. 10. und anderen, wo gleichzeitig mit dem Scorbut eine partielle oder totale Erweichung des Gehirns mit Hydrocephalus vorkam, lässt es sich nicht erweisen, dass diese mit dem scorbutischen Zustande in Causalverbindung standen, obzwar ein solcher wohl bei der Entstehung der genannten Beschaffenheit des Gehirns begünstigend mitwirken könnte; auch sieht man das Sensorium bei Scorbutischen meist ungetrübt bis zum letzten Augenblick. Die bei grossen Exsudaten im Herzbeutel und der Pleura vorkommende Blutüberfüllung des Gehirns hat in der gehinderten Circulation ihren Grund. — Uebrigens ist es wohl denkbar, dass verschiedene Nervenparthieen durch scorbutische Extravasate in ihrer Function getrübt werden und dadurch manche im Scorbut beobachtete Erscheinungen entstehen, so hat Dr. W. v. Samson einen Fall beobachtet, wo eine scorbutische Faserstoffaustretung sich um den Nervus ischiadicus gelagert hatte, so dass sie auf diesen einen Druck ausüben musste, wodurch bedeutende ischiadische Schmerzen entstanden und zum Theil vielleicht auch die starke Zusammenziehung des Knies veranlasst worden war. Ob nicht auch durch kleine Blutaustretungen an den Ursprüngen der vasomotorischen Nerven (im Sinne Stillings) ein lähmender Einfluss auf dieselben ausgeübt werde, der weitere Blutanschoppungen, Erschlaffung, ja Maceration der Gewebe, wie dies am Zellgewebe, Lungengewebe, Milz, den Muskeln, am Auge *) und andern Geweben Scorbutischer vorkommt, begünstigen kann, wäre noch zu untersuchen, — so wie ob nicht auch etwa veränderte, aufgehobene Innervation die plötzlichen Scheidungen der einzelnen Bestandtheile des Blutes in Faserstoff Serum und Cruor, wie sie in manchen der seither besprochenen scorbutischen Processe, z. B. bei den Austretungen in das intermuskuläre Zellgewebe, an den serösen Häuten u. s. w. auftreten, veranlasse, — wenigstens lassen sich diese auf eine Analogie mit andern Processen, die ähnliche Produkte liefern, z. B. den entzündlichen, — nicht reduciren, — dagegen sprechen die begleitenden Erscheinungen sowohl während des Lebens als die anatomischen Veränderungen am Todten.

Auffallende charakteristische anatomische Veränderungen fehlen bei Scorbutischen, wie in den Centralthei-

*) Am Auge ähnlich wie nach Durchschneidung des Sympathicus am Halse.

len des Nervensystems so auch *K.* in denen des Gefässsystems, wenn man nicht die, sämmtlichen Muskeln Scorbutischer eigenthümliche Schlaffheit oft selbst Mürbe und Missfarbe der Muskelsubstanz des Herzens auf den höheren Stufen der Krankheit dahin rechnen will, so wie die häufig an demselben vorkommende Fettinfiltration, von der oben die Rede war. Die livide Farbe des Endocardii, so wie der die innere Fläche der grossen Gefässstämme auskleidenden Membranen beruht rein auf einer Leichenhyperämie, und wird unterstützt durch die dissolute Beschaffenheit der enthaltenen Blutflüssigkeit. An den Gefässendigungen sind wir eine Erschlaffung des Gewebes anzunehmen berechtigt, als die Austretungen der verschiedenen Bestandtheile des zur Zersetzung geneigten Blutes begünstigend. Auffallend ist die geringe Reaction, welche sich im Gefässsystem überhaupt zeigt, ganz verschieden von andern Blutkrankheiten; bisweilen nur ist der Ausbruch des Scorbuts von Reactions-Symptomen begleitet, meist aber treten sie erst bei Complication mit rheumatischen und entzündlichen Processen auf, wie aus den früheren Beobachtungen hervorgeht.

2) Eingeweide.

Ausser den bei Betrachtung der einfachen Gewebe gelegentlich abgehandelten Veränderungen verschiedener Organe und Eingeweide, wie des Darmkanals, des Herzens, bleiben uns nun noch Zustände in anderen zu berücksichtigen übrig, die man mit mehr oder weniger Recht dem Einflusse des Scorbuts zugeschrieben hat, so besonders der Lungen, Leber, Milz und der Augen.

A. Lungen. Der pathologisch-anatomischen Veränderungen in den Lungen sind so viele, namentlich der verschiedenen Stufen der Anschoppung von Blut, sie kommen in so verschiedenen Krankheiten, als örtliche und Haupterscheinungen oder begleitende anderer Krankheitszustände, deren Heerd gerade nicht die Lungen sind, vor, so dass es schwer sein möchte, ein scharfes Bild der durch den Scorbut begründeten Veränderungen zu geben. Gleichzeitig mit demselben kommen verschiedene Veränderungen vor, die aber nur als begleitende oder secundäre Zustände zu betrachten sind, so die Anämie durch Zusammendrückung durch grosse scorbutische Exsudate in Pleura und Herzbeutel, — das gleichzeitig vorkommende Emphysem an der Lunge der andern Seite, — die lobulären Hepatisationen, die entweder als scorbutische Faserstoff-Ablagerungen oder als phlebitische Zustände in Folge von grossen scorbutischen Exulcerationen an der Oberfläche des Körpers, zu betrachten sind*), — die Tuberkulosis u. s. w. Als den scorbutischen Zustand der Lungen besonders bezeichnend, möchte ich nur denjenigen annehmen, wo bei allgemein ausgesprochener scorbutischer Dyskrasie eine Ueberfüllung der Lungen mit dunkelschwarzem flüssigen Blut mehr oder weniger verbreitet, fast gleichmässig in den vorderen und hinteren Parthieen, mit einer auffallenden Mürbheit und dunkeln Färbung des ganzen Gewebes vorkommt, wobei dieses indessen noch lufthaltig ist und knisternd. Auf einer solchen Congestion und Stasis aus der scorbutischen Beschaffenheit des Blutes hervorgehend**), wenn auch weniger ausgebildet, und nicht bis zur Maceration gesteigert, mag wohl, wie schon früher erwähnt, zum Theil das Asthma scorbuticum beruhen,

---

*) Rouppe bemerkt, dass oberflächliche Hepatisationen der Lungen bei Scorbut häufig vorkommen; Dr. W. v. Samson beobachtete sie gleichfalls und bringt sie in Analogie mit der Ausscheidung des Faserstoffs zwischen den Muskeln u. s. w.

**) Seidlitz will, nach einer mündlichen Mittheilung, in dem Blute scorbutischer Lungen agglomerirte Blutkügelchen gefunden haben.

wie es gemeinschaftlich mit andern Symptomen des scorbutischen Turgors oft zur Zeit der Herrschaft des Scorbuts besonders im Frühling vorkommt, — anderer Seits aber ist dabei der dynamische, vitale Einfluss der veränderten Blutmasse auf die Lungen zu berücksichtigen, die dasselbe länger zurückhalten, indem die Umwandlung in ihnen schwieriger von statten geht als bei normal gemischtem venösem Blute, daher das unbefriedigte Athembedürfniss, welches nebst dem Gefühl von Druck und Völle in der Brust, bei mässig beschleunigtem Pulse und geringem Husten ohne gefärbten Auswurf die Hauptsymptome dieses Grades der scorbutischen Stasis in dem Lungengewebe ausmachen; der Percussionston ist dabei nicht oder kaum verändert, die Auscultation ergiebt das auch bei Congestion aus andern Ursachen statt findende rauhe Athmungsgeräusch; ein Sausen (Waldgesäusel) wie es Seidlitz (clinischer Bericht S. 181.) bei Hyperämieen der Lungen, vor dem Ausbruch einer Haemoptysis u. s. w. beschreibt, welches unabhängig von der Athembewegung in den afficirten Lungentheilen vorkomme, und welches er aus einem beständigen Oscilliren in dem contractilen Gewebe der Lungen und der Gefässe herschreibt (analog dem in angespannten Muskeln hörbaren Geräusch), habe ich nicht beobachtet, wohl aber bisweilen ein Blasen in den Arterieen, wie es auch bei anderen Blutkrankheiten, bei Congestion vor Blutspeien u. s. w. vorkommt und nach der Venaesectio öfters verschwindet, ein Geräusch das, auch in der Brust gehört, wohl mit den Respirationsgeräuschen zusammengeworfen werden kann. Werden die Lungen von dieser Hyperämie nicht durch Kunst oder Naturhülfe befreit, so entsteht die als scorbutisch bezeichnete Entartung ihres Gewebes, während bei einer andern Säftebeschaffenheit vielleicht Hepatisation oder Splenisation, oder Infarcten oder Apoplexie entstanden wären.

Mit dieser vorgerückten scorbutischen Beschaffenheit der Lungen treten nun auch bedeutendere Respirationsbeschwerden ein, der Athem wird beschleunigt, der Husten ist von dissoluten, blutigen Sputis begleitet, an manchen Stellen wird crepitirendes Geräusch gehört, doch kommt es nicht zu denjenigen Veränderungen, welche sonst diesem zu folgen pflegen und die Hepatisation anzeigen, sondern das crepitirende Geräusch geht zuletzt in ein grossblasiges Knistern über, welches dann die Erweichung und Infiltration des betreffenden Lungentheils anzeigt. Gleichzeitig entwickelt sich ein adynamisches Fieber und die übrigen scorbutischen Zeichen treten in verstärktem Masse auf. — Was die Behandlung in den ersten Graden der Congestion betrifft, so ist schon oben gesagt, dass oft die Venaesectio nothwendig wird, die dann noch durch Reibungen und Fomentationen erweichender Art, und Ableitungen auf den Darmkanal, die auch nach Lind bei scorbutischen Athembeschwerden immer sehr wohlthätig wirken, zu unterstützen ist. In höheren Graden liesse sich nur von einer ausgedehnten diätetischen und medicinischen antiscorbutischen Behandlung Etwas erwarten; ein direct gegen die Lungen gerichtetes Verfahren wäre kaum denkbar; — ob diese Zustände aber überhaupt noch rückgängig gemacht werden können, kann ich aus eigener Erfahrung nicht bestätigen; doch wäre es nicht unmöglich, wenn man an die oft wunderbaren Restitutionen scorbutischer Zerstörungen denkt, wie sie an der Haut, den Drüsen, dem Zahnfleisch, selbst den Knochen noch zu Stande kommen, so wie auch von allen Beobachtern Fälle angegeben sind, dass selbst grosse Athembeschwerden mit blutigem dissoluten Auswurf und Fieber, die wahrscheinlich auf einem schon der Auflösung nahen Zustande der Lungen beruhten, durch das Eintreten günstiger Umstände noch gehoben wurden, obzwar sie wohl meist tödtlich waren (Lind).

Von einer ausserhalb der Thoraxhöhle befindlichen Ursache der Respirationsbeschwerden Scorbutischer, nämlich dem eigenthümlichen Leiden der Rippenenden, ist schon früher die Rede gewesen.

B. Milz. Eine grosse Rolle hat von jeher im Scorbut die Milz gespielt, ja man hat die ganze Krankheit als gleichbedeutend mit dem σπλῆν μεγάς des Hippocrates angenommen, indem man die Milzanschwellung für eine constante Erscheinung, ja den eigentlichen Sitz des Scorbuts hielt. Diese Ansicht hat schon Lind a. a. O., wie es scheint, mit Recht bestritten. — Die Anschwellungen der Milz kommen zwar häufig als begleitende Erscheinungen bei scorbutischen Zuständen vor, doch sind sie keine nothwendigen Bestandtheile des Scorbuts.

Es lässt sich denken, dass, so wie rasche Ergiessungen von scorbutischen Flüssigkeiten in die serösen Höhlen, in das subcutane und intermusculare Zellgewebe u. s. w. vorkommen, diese eben so gut auch in das nachgiebige schwammige Gewebe der Milz statt finden können; dieses ist auch wirklich nicht selten der Fall und die Folge davon oft Entstehung bösartiger Formen des Wechselfiebers, die dann die Haupterscheinungen bilden. Solche Congestionen und Ergiessungen in das Milzgewebe mögen vielleicht vor anderweitigen Ergiessungen schützen, sind aber nicht weniger verderblich, indem nun die Blutzersetzung um so rascher vor sich geht. — Ich habe bei den vielen Sectionen Scorbutischer, wo kein secundär scorbutischer Zustand aus einem Leberleiden u. s. w. hervorgehend, vorhanden war, nie eine auffallende Veränderung an der Milz, am wenigsten aber eine Vergrösserung angetroffen, — constant war diese aber bei Scorbutischen, wo er als Folge eines cholämitischen Zustandes durch Atrophie der Leber, in specie Cirrhose oder granulirte Leber (Rokitansky) bedingt auftrat. (Siehe mehrere Fälle unter den Beobachtungen) Hier ist aber die Milzanschwellung keine Folge des Scorbuts, sondern des denselben begründenden Zustandes der Leber.

Das Vorkommen von Scorbut mit Wechselfieber wird fast von allen Beobachtern angegeben; bei uns, wo Wechselfieber überhaupt selten geworden sind, habe ich wenig Gelegenheit zu dieser Beobachtung gehabt; (einen Fall der Art siehe bei Seidlitz, klinischer Bericht S. 93.) Dagegen kommen Ergiessungen in die serösen Höhlen bei uns häufiger vor. Zusammenhang zwischen Milzanschwellung und Scorbut anderer Art findet statt, wo in Folge von Wechselfieber Milzanschwellungen zurückbleiben, und dieser krankhafte Zustand durch den Hinzutritt einer neuen Congestion nach dem krankhaften Organ die Veranlassung zur Erzeugung scorbutischer, oder dem Scorbut ahnlicher Zustände wurde. So habe ich in einigen Fällen, von denen ich zwei mittheilen werde (siehe die sechste und sechzehnte Beobachtung) einen ausgesprochenen Morbus maculosus nach Milz-Wechselfieber entstehen sehen. In beiden Fällen nahm während des Bestehens der Krankheit die Milzanschwellung noch zu, sank allmählig mit der Abnahme der übrigen Krankheits-Erscheinungen zusammen, doch verschwand sie nicht ganz, selbst nach gänzlichem Verschwinden der übrigen Krankheits-Symptome. Dergleichen secundäre auf Milzkrankheit beruhende, dem Scorbut ähnliche Zustände mögen es gewesen sein, die Hippocrates in dem an Milz-Wechselfieber so reichen Griechenland beobachtet, beschrieben und mit dem Namen σπλῆν μέγας belegt hat. Der Morbus maculosus aber hat, wenn er auch als Blutkrankheit viel Aehnlichkeit mit dem Scorbut besitzt, mehrere unterscheidende Merkmale in Verlauf und Erscheinung. Seinem Auftreten gehen gewöhnlich verschiedene gastrische Beschwerden voraus namentlich Appetitlosigkeit, unregelmassiger, meist verstopfter Stuhl, Mattigkeit und Verstimmung des Allgemeingefühls, — wenn der Scorbut Vorläufer hat, so sind es mehr den rheumatischen ahnliche Erscheinungen, als Schmerzen in den Beinen, der Brust u. s. w. während die Verdauung in bester Ordnung ist. Die Flecken im Morbus maculosus erscheinen nicht so constant zuerst an den untern Extremitäten, wie im Scorbut, sondern vielmehr noch zahlreicher am obern Theile des Körpers, den der Scorbut meist verschont, auch sind es nicht die scorbutischen Stippchen um die Haarwurzeln herum, die vorherrschen, sondern bei weitem mehr wahre Petechien und Ecchymosen. Zu dem Morbus maculosus gesellt sich gewöhnlich Fieber; zum Scorbut nur, wenn er mit rheumatischen und andern, Fieber erregenden Zustanden sich verbindet. Bei einem glucklichen Verlauf geschieht das Verschwinden der Flecken im Morbus maculosus viel rascher als im Scorbut; bei jenem kommen häufig gleich bei dem Eintritt verschiedene Blutungen, besonders Nasenbluten vor, bei diesem erst in weitern Verlauf; — Anschwellungen des Zahnfleisches sind beiden Krankheiten eigen, — doch verlaufen sie im Morbus maculosus rascher als im Scorbut, verschwinden schneller mit den übrigen Symptomen; — Milzanschwellung ist bei jenem eine gewöhnliche Erscheinung und vielleicht sogar eine causale, im primären Scorbut dagegen mag sie sehr selten sein; — der Morbus maculosus kommt mehr in den Jahren der Pubertät vor, — der Scorbut in jedem, doch vorzüglich im erwachsenen und spätern Alter. Eine häufige Nachkrankheit des Morbus maculosus ist Ascites, bei primärem Scorbut nicht. — Ueber die anatomischen Veränderungen der Milz im Morbus maculosus kann ich aus eigener Erfahrung nichts angeben, da die beobachteten Fälle glücklich verliefen, doch lässt sich aus den Symptomen wohl schliessen, dass eher eine Erweichung als Verhärtung stattfand, wofür auch das ziemlich rasche Zurücksinken der ansehnlichen Geschwulst spricht, wenn auch eine geringere Anschwellung noch längere Zeit zurückbleibt. Es liesse sich wohl denken, dass in diesen Fällen nach dem Wechselfieber ein harter Milztumor zurückblieb, der durch eine neue Congestion aufgelockert ward, und mit Zurücktreten derselben wieder auf seine frühere Consistenz zurückgebracht wurde.

Eine von mir und Andern an scorbutischen Leichen beobachtete Veränderung in der Milz besteht in dem Vorkommen der keilförmigen Körper an der Peripherie derselben. Es scheinen dieselben in Analogie mit den bei Scorbutischen beobachteten peripherischen Hepatisationen der Lungen gebracht werden zu können, — und beide mögen entweder auf, durch die Blutkrankheit veranlassten, phlebitischen Processen beruhen oder geradezu Faserstoff-Ablagerungen aus dem zur Zersetzung geneigten scorbutischen Blute sein. Um hierüber zu entscheiden bedarf es einer micro-chemischen Untersuchung dieser Ablagerung; die letztere Annahme gewinnt durch die Analogie mit den scorbutischen Processen in andern Organen viel Wahrscheinlichkeit.

C. Leber. Leiden der Leber gleichzeitig mit Scorbut ist häufig beobachtet, doch, wie es scheint, das Verhältniss beider zu einander besonders von den Aelteren nicht immer richtig gewürdigt worden. Ein eigenthümliches scorbutisches Leiden derselben mag schwer anzugeben sein, — ausser, dass man bei einer allgemein durchgreifenden tiefen Dyscrasie das Parenchym der Leber in demselben Zustande von blutig schwarzer Infiltration, Mürbe und Maceration findet, wie sie in solchen Fällen alle Organe durchgängig ergreift. Dass hier das Leberleiden sich durch keine entsprechende Symptomengruppe offenbart, sondern vielmehr mit dem Allgemeinleiden ein Ganzes darstellt ist ersichtlich. — Viel auffallender ist das Leberleiden im umgekehrten causalen Zusammenhange mit dem Scorbut, nämlich als Ursache, nicht als Folge desselben. Solche Fälle secundären Scorbuts, von denen schon öfter beiläufig die Rede war, sind mir häufig vorgekommen. In allen sprach sich eine längere Zeit vorausgegangene Leberkrankheit, vorzüglich durch häufige icterische Zufälle, aus, die mit der Zeit an Intensität immer mehr zunahmen, bis endlich das cholämische Leiden sich zu der ausgesprochensten scorbutischen Dyscrasie steigerte, welche dann bald unter verschiedenen Formen auftretend, das unvermeidlich lethale Ende herbeiführte *). Am häufigsten war die bedingende Leberkrankheit, eine Atrophie mit cirrhotischer Beschaffenheit des Organs, oder eine Varietät derselben, die von Rokitansky mit dem Namen der granulirten Leber belegt ist, bald mit fein- bald mit grobdrüsiger Oberfläche; seltner war die talgartige Entartung; ein Mal fand sich Hypertrophie. Ein gleiches, wie das angeführte Causalverhältniss mag wohl auch in dem mit Leberleiden so häufig complicirten Scorbut der heissen Länder bestehen, nämlich jenes meist den letzteren bedingen. Auf den atrophischen, granulirten Zustand der Leber passt auch die Beschreibung, welche Poupart in seinen Leichenöffnungen von der Leber giebt, wie er sie bei „einigen

*) Ueber den Einfluss einer Beimischung von Galle zum Blute siehe Simon, medicinische Chemie Bd. II. S. 24. und 213.: „Etwas frische Galle macht das Blut augenblicklich klar und die Blutkörperchen sind verschwunden." — — „Bringt man nur wenig trocknes Bilin zu Menschen- (und anderm) Blut und rührt etwas, so verdickt sich das Blut, wird gelatinös, fast fadenziehend und lässt keine Blutkörperchen mehr erkennen." — — — In der blutigen Flüssigkeit, welche ein an Morbus maculosus leidendes Mädchen aus dem Munde entleerte, und in der die Blutkörperchen meist aufgelöst waren, fand Simon eine Beimischung von Biliverdin (S. 213.).

wenigen" fand, — er beschreibt sie nämlich als „von Eiter durchdrungen, der hart und gleichsam versteinert war." Hierbei „war die Milz drei Mal so gross als sie im natürlichen Zustande zu sein pflegt, und zerfiel nicht anders, als wenn sie aus geronnenem Geblüte bestände" (Lind a. a. O. S. 397.). Auch in der Beobachtung des gleichzeitig mit jenem atrophischen Leberleiden vorkommenden Milztumors stimmen meine Beobachtungen überein. In dem Falle, wo ich die Leber im Zustande der Hypertrophie fand, war dagegen die Milz bedeutend verkleinert. — Hinsichtlich der genaueren Beschreibung des Krankheitsverlaufes in den angegebenen Fällen und die anatomisch-pathologische Beschreibung verweise ich auf die weiter unten anzuführenden Sectionsberichte Nr. 7., 9., 11., 12. u. a.

In den übrigen Organen des Unterleibes, wie dem Pancreas, den Nieren, der Blase sind eigenthümliche scorbutische Veränderungen wohl nur in den Fällen nachzuweisen, wo die Dyscrasie allgemein alle Organe ergriffen hat, und demnach auch in den genannten Organen die schon öfter erwähnte Infiltration, bis zur Maceration gesteigert, auftritt. Von den Ecchymosen unter der dieselben bekleidenden Serosa ist gleichfalls die Rede gewesen.

D. Auge. Interessant sind wegen der Zugänglichkeit des Organs die Veränderungen, welche der Scorbut im Auge hervorbringt. Man beobachtet hier dieselben Formen, welche auch an andern Organen durch denselben veranlasst werden, so die livide Färbung der Membrane, die Ecchymosen im submembranösen Zellstoff, welche hier unter der Conjunctiva ihren Sitz haben, das scorbutische, blutige Transsudat bald mit, bald ohne Faserstoff-Ablagerung in der serösen Auskleidung der Augenkammern, die Infiltration, Erweichung und Maceration der festern Gebilde, so vorzüglich der Cornea, der Iris, des Glaskörpers. Solche Veränderungen kommen während des Verlaufs des Scorbuts in einem Individuum vor, ohne dass man eine besondere veranlassende Ursache anzugeben vermöchte; doch mag wohl meistens auch hier, wie bei Erkrankungen anderer Organe mit scorbutischem Charakter, eine Gelegenheitsursache den Ausbruch im Auge determiniren, so die allgemeinen Gelegenheits-Ursachen catarrhalischer, rheumatischer, arthritischer und anderer Processe im Auge, die durch die scorbutische Diathese, auf welche sie treffen, dann nur modificirt werden. — Schmerz und Lichtscheu sind in allen genannten Formen verhältnissmässig gering, selten tritt eine allgemeine Reaction hinzu, wie sie bei ähnlichen Zerstörungen aus anderer Ursache z. B. rein entzündlicher, syphilitischer, nicht fehlen würde. Es lässt sich also wohl ein eigenthümlicher scorbutischer Process am Auge annehmen. — Die leichteren Grade, als die livide Färbung und Ecchymosen der Conjunctiva, — am ehesten der catarrhalischen Ophthalmie entsprechend, — sind gewöhnlich mit Absonderung einer dünnen mehr wässrigen als schleimigen Flüssigkeit verbunden, und einer auffallenden Laxität der Conjunctiva, durch welche diese bei Bewegung des Auges nicht selten grosse Falten wirft. Die subjectiven Symptome sind unbedeutend, und die Krankheit verläuft meist günstig. Dies ist selbst mit blutigen Extravasaten in den Augenkammern der Fall, wenn sie von keinen Faserstoff-Ablagerungen begleitet sind. — Weit bedeutender aber und gefährdend für das Auge werden sie, wenn das Letztere der Fall ist, wobei die Ablagerungen sich meist an die Iris ansetzen, oder wo eine Auflockerung dieser selbst durch passive Infiltration stattfindet, oder dieser Process in der Hornhaut und wahrscheinlich auch dem Glaskörper und andern Gebilden des Auges auftritt, wodurch ein Zusammenschrumpfen und rasche Zerstörung des ganzen Organs fast die unvermeidliche

Folge ist. Auch hier sind die subjectiven Symptome, namentlich Schmerz, Lichtscheu und allgemeine Reaction verhältnissmässig für die Zerstörung gering. Es scheint daher überhaupt ein vom entzündlichen verschiedener Process in dem rein scorbutisch afficirten Auge vor sich zu gehen, ein Process, der zunächst an diejenigen Vorgänge erinnert, wie sie an den Augen der Cholerakranken beobachtet sind, und bei den Versuchen Petit's und Brachet's (siehe Stilling Spinal-Irritation S. 129. u. s. w.) auftraten, als sie den Halstheil des Sympathicus an Hunden durchschnitten. Röthung, Mattwerden, Aufwulstung, vorzüglich der Conjunctiva, Zusammenschrumpfen der Cornea, Verkleinerung des Bulbus ohne wahrnehmbaren Schmerz und Lichtscheu waren die Hauptsymptome (von Stilling aus dem gelähmten Einfluss der vasomotorischen Nerven erklärt), *) sehr verschieden von denjenigen, welche Brachet Vergleicheshalber durch reizende Einträufelungen in das Auge erzeugte. Die Behandlung, wenn sie Erfolg haben soll, entspricht gleichfalls nicht der einer entzündlichen Augenkrankheit. Keine Blutentleerungen, keine Ableitungen auf Haut und Darmkanal sind hier wirksam, — die Kälte nur, wenn sie als Reizmittel angewendet wird, — überhaupt belebende und zugleich die Resorption befördernde Mittel, auf und um das Auge, z. B. Infusum- oder Tinctura arnicae mit Wasser, aromatische Einreibungen in die Umgebung, und daneben eine passende antiscorbutische Behandlung.

Eine Erscheinung am Auge, die oft mit Scorbut zusammen auftritt und, wie es scheint, dann durch ihn bedingt wird, ist die Nyctalopie und vorzüglich die Hemeralopie. Den Einfluss des Scorbuts auf diese Zustände kannte man schon lange, (siehe Blanc a. a. O.); als

*) Analogie mit diesem, durch gelähmten Nerveneinfluss bedingten Process habe ich auch bei andern Organen oben angedeutet.

nächste Ursache für die Hemeralopie finden wir in Krebel (über Erkenntniss und Heilung des Scorbuts) Folgendes angegeben, was mit dem Wesen und den übrigen Vorgängen im Scorbut übereinstimmt: Krebel erklärt sich nämlich die „periodisch verminderte Reizempfänglichkeit durch passive Congestion nach den Gefässen des Nervus opticus, der Tunica choroidea, dem Corpus ciliare und dem sehr gefässreichen Zellgewebe an der hohlen Seite der Retina, wodurch sowohl auf die Nervi ciliares als auch auf die Retina ein Druck entsteht, welcher die verminderte Reizempfänglichkeit in jenen Theilen zur Folge hat. — (Auch wird so das Gefühl von Schwere über den Augenbrauen und in der Orbita erklärbar.“) — — „Diese Ansicht wird noch durch eine Section bekräftigt bei einem Individuum, welches drei Monate lang an Hemeralopie, mit Blutspeien verbunden, gelitten hatte, indem bei der Section keine Veränderung der Nervensubstanz, wohl aber eine bedeutende Anschwellung der Blutgefässe des Nervus opticus, Blutextravasat zwischen der Choroidea und Sclerotica und überhaupt Zeichen einer passiven Congestion in diesen Theilen nachgewiesen wurden. (Archive gén. médic. Juin 1829.“) Zu derselben Zeit, wo der Scorbut herrscht, nämlich im Frühling, kommt bei uns, besonders beim gemeinen Mann, noch eine der Hemeralopie verwandte Krankheit, eine Amblyopie vor, die man in Verbindung mit den in dieselbe Zeit fallenden grossen Fasten der griechischen Kirche gesetzt hat, welche vom Volke aufs strengste befolgt werden und wohl durch mangelhafte Ernahrung überhaupt auch eine mangelhafte Reizempfänglichkeit der einzelnen Organe veranlassen können *). Den Einfluss der Fasten auf die Erzeugung

*) Es ist bekannt, dass unter dem Einfluss der Malaria (Sumpfluft) gleichfalls Hemeralopie entsteht, dass sie zur Fastenzeit

der scorbutischen Diathese haben Einige aber wohl zu hoch angeschlagen, denn der Scorbut entwickelt sich gleichmässig auch bei solchen, die nicht fasten, so wie bei dem Militair, wovon der grösste Theil des Fastens sich entbindet. — Oefter ist das von den meisten Autoren auch empfohlene Chinin mit Nutzen gegeben worden und verdiente wohl auch in der scorbutischen Augenaffection und andern scorbutischen Formen, als den Tonus der Gefässendigungen besonders erhebendes, rasch in die Säftemasse übergehendes Mittel eine ausgebreitetere Anwendung. Oertlich wirken belebende Mittel: als Dämpfe, Räucherungen und, um die locale Stockung zu heben, auch wohl Ableitungen in der Nähe des Auges, z. B. hinter den Ohren, dem Nacken; — als belebendes Mittel mag der Dampf der warm aufgelegten Schweins- und anderer Leber wirken, die ein weitverbreitetes Volksmittel in allen Ländern ist. Das Aufessen derselben mag wohl Nebensache sein.

Die Nyctalopie kommt seltener vor; — Krebel erklärt sie „aus einer gesteigerten Empfindlichkeit der Retina und Iris mit gleichzeitiger passiver Congestion, ohne dass aber dabei der Ton der Gefässe so tief gesunken ist als bei der Hemeralopie.“ Hier empfiehlt er mehr ein reizminderndes Verfahren.

3) Flüssigkeiten. Blut.

Es bleibt uns nach der Betrachtung der die festen Körpertheile betreffenden Veranderungen noch die einiger Flüssigkeiten im scorbutischen Leiden übrig, und unter diesen vorzüglich des Blutes, welches mit Recht

---

vorkommt, ist auch von Meisner in Podolien beobachtet worden. Fehlerhafte Blutbereitung und Ernährung, und demzufolge Stokkungen sind überall die Folgen, und dadurch Ursachen der besprochenen Krankheit

von jeher eine Hauptrolle gespielt hat, wie wir auch schon aus dem Vorangegangenen zum Theil ersehen haben. Was ich über diesen Gegenstand zu bemerken habe, will ich in einzelne Sätze zusammenfassen: 1) Die Schilderungen des aus der Ader gelassenen Blutes Scorbutischer sind verschieden bei den verschiedenen Autoren. Die meisten beschreiben es als eine gleichförmige, dickliche Flüssigkeit von schwarzbrauner oder dunkler Farbe, die sich nicht in Cruor und Serum scheidet und schnell in Fäulniss übergeht (Huxham). Andere bemerkten einen Unterschied im Blute, je nach dem Stadium der Krankheit; so wird von den Chirurgen von Lord Ansons Expedition angegeben, dass bei Beginn der Krankheit das Blut aus der Armvene im Strahl von bald lichter, bald dunkler Farbe fliesse; — nimmt die Krankheit zu, so fliesse es dünn und schwarz, zerfalle nicht vollständig in Serum und Blutkuchen, und die Oberfläche habe in einigen Fällen eine grünliche Farbe. Im dritten Stadium sei das Blut schwarz wie Tinte und es fänden sich, wenn man es schüttle darin Fasern wie Wolle oder Haare in einer schleimigen Substanz; nach dem Tode werde es vollkommen flüssig gefunden (siehe Simon, medicinische Chemie II. S. 211.). Rouppe a. a. O. (siehe Lind, S. 689.) macht eine ähnliche Beschreibung des scorbutischen Blutes nach den Stadien, — bisweilen fand sich auf dem weichen kleinen Blutkuchen eine grünliche Haut, doch setzt er den Charakter des scorbutischen Blutes mehr in eine zähe, leimige, dicke Beschaffenheit, als in eine aufgelöste faulige, wofür ihm auch die bisweilen angetroffenen „harten Lungen, die polypösen Concremente im Herzen, zu sprechen schienen; nach Hulme (siehe Lind, S. 696.) war das Blut immer dünn, flüssig und schwärzlich und bisweilen gleichfalls mit einer grünlichen Haut überzogen. Nach Henderson (siehe Simon a. a. O.) gerann das bei der

Brustoppression Scorbutischer entzogene Blut, gab ein reichliches gelbliches Serum und einen dunkeln weichen leicht zerreisslichen, eher convexen als becherförmigen Kuchen; — bisweilen fand er es auch nicht coagulirend, sondern eine Gallerte bildend, mit einem dünnen Häutchen auf der Oberfläche. — Dejeux und Parmentier (Mémoires sur le sang) fanden das Blut Scorbutischer mit einer Speckhaut bedeckt, wenn eine entzündliche Complication vorhanden war. Ebenso Richerand (Dictionnaire de médecine en XV. vol. Art. Scorbut), und Rouppe (a. a. O. S. 61. u. s. w.); Magendie, (Leçons sur le sang), bestätigt die Beobachtung von James, dass das Blut Scorbutischer dünnflüssig, arm an Faserstoff und reich an Alkali sei. — Die Verschiedenheit im Blute Scorbutischer scheint allerdings vorzüglich von der Complication sowohl als dem Stadium der Krankheit abzuhängen; — überall, wo gleichzeitig ein rheumatischer Process in seiner Entwickelung verflochten ist, wo sich der Krankheitsprocess demnach vorzugsweise gegen die serösen Häute der Lunge und des Herzbeutels, oder die fibrösen der Muskelscheiden und Gelenke wendet, findet man auf dem gelassenen Blute anfangs auch immer eine deutlich ausgebildete Faserstoffschicht, ebenso bei dem ersten congestiven Sturme gegen die parenchymatösen Organe, bei scorbutischem Asthma aus diesem Grunde u. s. w. Schon oben ist von der Blutbeschaffenheit in diesen Fällen die Rede gewesen. Wo dagegen keine solche Complicationen stattfinden, oder im primären Scorbut in einem späteren Stadium, wo die inneren Ablagerungen und Scheidungen schon geschehen sind, — oder dem der Maceration — oder im secundären Scorbut, der sich z. B. aus einer Cholämie entwickelte, oder dem mit Tuberculose sich complicirenden u. s. w., bietet das aus der Ader gelassene Blut in der That eine mehr oder weniger dissolute Beschaffenheit dar, durch sein schwarzes gleichförmiges Ansehen, seinen weichen zerfliessenden Blutkuchen auf dem höchstens ein livid grünlich schimmerndes Häutchen sich findet, und die leichte Fäulniss.

Dieser verschiedenen Beschaffenheit des aus der Ader gelassenen Blutes scheinen innere Vorgänge zu entsprechen. So erscheint dasselbe reich an Faserstoff, wo, wie gesagt, eine rheumatisch-entzündliche Disposition, ein Vorherrschen desselben, welches ihm eigenthümlich ist, hervorgerufen hatte *), so auch in allen Fällen, wo die scorbutische Zersetzung und Scheidung des Blutes in seine Bestandtheile in den verschiedenen Organen noch nicht stattgefunden hatte, oder vollendet war. Es scheint nämlich dies ein dem Scorbut eigenthümlicher Hergang zu sein, dass sich der Faserstoff im lebenden Körper von den flüssigen Bestandtheilen des Blutes trennen, und beide sich in verschiedenen Organen ablagern können; ein Vorgang, der nicht ohne formelle Aehnlichkeit mit den entzündlichen Processen dasteht, aber sich dadurch von letzteren unterscheidet, dass bei diesen solche Scheidungen Folgen wirklicher Secretion überwiegender plastischer Bestandtheile, erhöhter plastischer Thätigkeit mit einer congruenten allgemeinen Reaction sind, während jene mehr der Scheidung der aus der Herrschaft des Organismus schon entzogenen Blutflüssigkeit entsprechen, gleichsam ein beginnendes Absterben

---

*) Bei der Entzündung findet eine Stockung in den Capillargefässen statt; ist nun das Blut so geneigt zur Zersetzung wie im Scorbut, so ist während solcher Stasen der günstigste Moment zum Austreten und Zerfallen in die einzelnen Bestandtheile gegeben. Der Faserstoff tritt aus, die übrigen zur Ernährung des Körpers unzureichenden Bestandtheile circuliren fort, oder zersetzen sich zum zweiten Mal, und es tritt auch Serum mit oder ohne Blutkügelchen, je nach dem Zustande der Integrität der Capillargefässe, aus.

der Blutflüssigkeit im lebenden Körper. Eine solche Scheidung der Blutbestandtheile sehen wir nun in allen scorbutischen Processen: Austreten der flüssigen blutigen und blutig-serösen Bestandtheile unter die Epidermis als Ecchymosen, Purpura u. s. w., Infiltration des subcutanen und intermusculären Zellgewebes, der Muskeln, der Schleimhaut, des Periosteums, selbst der Knochen, ferner der verschiedenen drüsigen und parenchymatösen Organe, Durchschwitzen derselben durch die serösen Häute in die serösen Höhlen, — auf der einen, — und Ablagerung von Faserstoff in das intermusculäre Zellgewebe, auf die Flächen der serösen Häute, als peripherische Hepatisation der Lungen, als keilförmige Körper der Milz, als Ablagerungen auf den Klappenrändern im Herzen, polypöse Concremente im Herzen und den grossen Gefässen, auf der andern Seite. Je ausgesprochener diese Scheidungen stattgefunden haben, desto weniger wird sich in dem aus der Ader gelassenen Blute Faserstoff zeigen, desto mehr wird das noch circulirende Blut sich zu neuen Austretungen neigen; wodurch dann noch ein weiteres Stadium des Scorbuts, das der Auflösung, der Maceration, der Geschwürsbildung u. s. w. gebildet wird, welches nach der Ausbreitung der ersten scorbutischen Processe bald mehr, bald weniger allgemein, entweder fast alle Theile des Körpers, oder nur einzelne betrifft. Ausser dieser durch Ausscheidung des Faserstoffs während des Aufenthalts des Blutes im Körper entstehenden flüssigen, unplastischen Beschaffenheit desselben, scheint aber auch eine ähnliche durch primäres Erkranken entstehen zu können; dies ist da der Fall, wo wir keine anderen anatomisch-pathologischen Veränderungen, als ein durchgreifendes Mürbsein und Auflösung der Organe (mit ausgesprochen scorbutischen Symptomen am Lebenden) vorfinden. — In diesem Falle erhält die ganze Krankheit und insbesondere das Blut durch den Mangel an Faserstoff eine Aehnlichkeit mit dem typhösen, während in jenem gerade eine entgegengesetzte Eigenschaft, nämlich ein Vorwalten des Faserstoffs, aber mit der Tendenz sich schon im Lebenden auszuscheiden hervortritt.

2) Die blutige Flüssigkeit, welche bei den verschiedenen scorbutischen Processen austritt, z. B. in den Ecchymosen, in den serösen Höhlen, u. s. w. ist nicht blos Blutwasser, sondern enthält meist auch Blutkügelchen, wie ich mich selbst öfter durch das Mikroskop überzeugt habe, — dies bestätigt auch Gluge, (anatomisch-mikroskopische Untersuchungen, Heft 1. S. 77.) der bei den Petechien des Scorbuts deutlich ein Zerreissen der Capillargefässe beobachtete (in den Petechien des Typhus fand Gluge nur ergossenes Serum, keine Blutkügelchen). Es scheint nach dem daselbst erzählten Fall, dass auch die Blutkügelchen Scorbutischer wie typhöser Leichen bald nach dem Tode sich auflösen. Nach demselben (Abhandlungen zur Physiologie und Pathologie S. 177.) kann sich aber das Blut im Scorbut auf zweierlei Weise in die Gewebe ergiessen. Es kann seinen Farbestoff abgeben, mit seiner Flüssigkeit durch die Wände der Capillargefässe schwitzen, oder diese selbst können zerreissen und in den blutigen Ergüssen des Scorbuts finden sich dann Blutkügelchen. — Dieser Zustand der Capillargefässe unterscheidet gleichfalls die scorbutischen Ausschwitzungen von den entzündlichen. Von den agglomerirten Blutkügelchen in scorbutischen Lungen ist oben die Rede gewesen.

3) Was die chemische Beschaffenheit hinsichtlich der im scorbutischen Blute enthaltenen Salze u. s. w. betrifft, so kann ich aus eigener Erfahrung kein entscheidendes Resultat anführen, obgleich ich Blut von Scorbutischen und blutige Transsudate in verschiedenen Stadien der Krankheit öfter mit Reagentien behandelte; — wegen

Mangelhaftigkeit der Mittel und der Ausführung enthalte ich mich hier eines eigenen Urtheils. — Nach James und Magendie ist es ein Ueberschuss von Alkali, welcher dem Blut eine scorbutische Beschaffenheit verleiht, nach Davis und Henderson dagegen ein Ueberwiegen der Salze, besonders des Kochsalzes, womit Hamburgers Erfahrungen über das Gerinnen des Blutes übereinstimmen. (Siehe Simon, medicinische Chemie II. S. 29. und 212.).

4) Dem Scorbut verwandt ist hinsichtlich der Blutmischung sowohl als der Erscheinungen der Morbus maculosus Werlhofii, nur finden sich hier weniger die Faserstoff-Ausscheidungen, sondern mehr eine primitive Auflösung der Blutflüssigkeit und Mangel an Faserstoff. Ueber die weiteren Unterschiede siehe oben.

5) Es kann ein Status scorbuticus, scorbutische Dyscrasie auf scorbutischer Beschaffenheit des Blutes beruhend, stattfinden, selbst ehe noch äussere scorbutische Erscheinungen vorhanden sind. Blane a. a. O. S. 372. unterscheidet mit Recht „die scorbutische Beschaffenheit des Körpers vom Scorbut; beide sind aber nur dem Grade nach unterschieden; man kann sagen dass Jemand die Krankheit hat, ehe sie sich durch deutliche Zufälle verräth." — Dieser Status scorbuticus ist es, der manche unbedeutende Verletzungen und Geschwüre nicht zur Heilung kommen lässt, oder, wie in einem von mir beobachteten Falle, die Heilung des Knochenbruchs zu verhindern schien, — welcher, wenn andere Krankheitsprocesse auf ihn treffen, diese auf eine schlimme Weise modificirt; hiervon ist oben an verschiedenen Stellen die Rede gewesen.

4) Excrete. Harn.

Unter den excernirten Flüssigkeiten ist vorzüglich der Harn der Scorbutischen von jeher, besonders aber bei den älteren Autoren berücksichtigt worden, so dass Eugalenus aus der Beschaffenheit des Harns allein, oder der des Pulses zugleich, auch wenn das Individuum sonst durchaus gesund schien, einen versteckten Scorbut erkennen zu können angab. — In geringeren Graden des Scorbuts ist keine merkliche Veränderung des Harns vorhanden, wo aber schon ein weiteres Stadium eingetreten ist, eine verbreitetere Infiltration oder selbst beginnende Maceration der Gewebe, da passt die Beschreibung, die gewöhnlich vom scorbutischen Harn, als einer dunkeln rothbraunen oder braunen, bisweilen fast schwarz erscheinenden Flüssigkeit, gegeben wird, die, wenn sie auch schwach sauer aus der Blase entleert wird, doch in kurzer Zeit alkalisch wird, und einen unangenehmen starken Ammoniakgeruch entwickelt. (Simon a. a. O. Bd. II. S. 430.). Bisweilen bildet sich dann auch ein grünes schillerndes Häutchen auf dem Urin. — Nach Schönlein kommen auch häufig Blutungen aus den Harnwerkzeugen vor, und es erscheint ein dunkel rothbrauner, durch Haematoglobulin gefärbter Harn, der nach Schwefelammonium riecht und leicht fault. — Bei Morbus maculosus Werlhofii fand Simon (ebendaselbst) den Urin während einer Dauer von zwei Wochen dunkelbraun, unangenehm ammoniakalisch riechend und alkalisch reagirend. (Ganz ähnlicher Beschaffenheit war der Urin in dem Fall No. 6.). Es bilden sich nach ihm schmutzige Sedimente von Erdphosphaten, harnsaurem Ammoniak und Schleim; durch Salpetersäure ward eine geringe Menge Gallenfarbstoff dargethan.

5) Functionen. Psyche.

Ueber den Zustand der einzelnen Functionen in Scorbutischen, der Hautthätigkeit, der Bewegung, Respiration, Circulation, Verdauung, des Sensoriums, ist schon oben gesprochen worden; — was das Allgemeingefühl und die Psyche anbetrifft, so finden wir überall eine besondere Depression derselben unter den ersten Symptomen des Scorbuts angeführt. Dies kann ich aus eigener Erfahrung nicht bestätigen. Der Zustand der Psyche erschien mir immer adäquat dem Grade des körperlichen Leidens; wohl aber möchte ich einen umgekehrten Causalnexus statuiren, nämlich einen deprimirten Gemüthszustand, als den Ausbruch des Scorbuts begünstigend, annehmen; — einen solchen Einfluss sehen wir z. B. die Nostalgie bei den esthnischen und finnischen Matrosen, und überhaupt bei Rekruten ausüben. Hierauf beruht auch die Beobachtung Lind's und Blane's, wonach bei den siegreichen Schiffsmannschaften der Scorbut auffallend abnahm. —

II. Schlussbemerkungen.

Als Recapitulation manches in dem Vorhergehenden Zerstreuten, mögen noch folgende Sätze dienen:

1) Man kann den Scorbut füglich in folgende Stadien theilen: *a*) das der Infiltration oder Transsudation; diese geschieht entweder mit Zerreissung der Capillargefässe oder ohne diese, entweder mit Faserstoff-Ablagerung oder ohne dieselbe; *b*) das der Maceration. Diesem entspricht ein faserstoffarmes Blut; es folgt meist dem der Infiltration ohne Faserstoff-Ablagerung. Von allen diesen Stufen ist noch das Eintreten *c*) in das Stadium der Restitution möglich, in dem oft selbst sehr bedeutende Zerstörungen wieder zurückgebildet werden..

2) Die beliebtesten Verbindungen des Scorbuts sind mit Rheumatismus, Tuberculose oder Scrophel, Gicht; gern gesellt er sich zu Syphilis, — secundär entsteht er bei Leber- und Milzkrankheit, — mit Wechselfieber steht

er in wechselseitigem causalen Verhältnisse, — er complicirt leicht den Typhus abdominalis und andere Darmkrankheiten.

3) Als Gelegenheitsursache dient dem Scorbut vorzüglich ein im Frühling im Erdreiche erzeugtes Miasma, aber auch Hospital-, Kerker- und Schiffs-Miasma *), eine anhaltend **unterdrückte Hautthätigkeit**; die Wichtigkeit des Einflusses der Hautthätigkeit auf die Blutmischung beweisen unter andern die Versuche **Gluge's** (Abhandlungen zur Physiologie u. s. w. S. 67. u. s. w.) an Fröschen und Kaninchen, bei denen er die Hauttranspiration durch Firnissüberzug unterdrückte. Bei aller fand er nach dem Tode auffallende Flüssigkeit des Blutes. — Eine der constantesten Erscheinungen **ist** aber im Scorbut eine leblose Haut. Unterstützend wirken dabei unzureichende Nahrung und deprimirende Gemüthseinflüsse.

4) Als nächste Ursache ist das Zerfallen des Blutes (in seine Bestandtheile,) beginnendes Absterben desselben im lebenden Körper, und gehemmter Einfluss der vasomotorischen Nerven (Gefässnerven) zu betrachten.

III. Krankheitsgeschichten und Sectionsberichte.

Es folgen hier einige beobachtete Fälle in chronologischer Ordnung; ich habe solche aus einer grösseren Zahl gewählt, auf die ich mich zum Theil im Verlauf des Textes besonders berufen habe, zum Theil überhaupt zur Erläuterung desselben dienen; — ich habe der Kürze wegen, meist mit Uebergehung der Diagnose und Behand-

*) Unter allen Zonen Russlands ist der Frühling immer am reichsten an Scorbut.

lung, nur das Wesentliche aus dem Krankheitsbilde und den Sectionsbefunden angeführt. Sie sind alle im zweiten Seehospital in St. Petersburg gesammelt worden.

Erste Beobachtung. Hämorrhagisches Exsudat im Herzbeutel mit Spuren früheren entzündlichen Processes in demselben. Während einer Zeit, wo gleichzeitig mit dem Scorbut auffallend viele Brustkrankheiten verschiedener Art herrschten, namentlich aber ein paar Fälle von reiner Pericarditis vorgekommen waren, und mehrere an älteren organischen Leiden des Herzens und der grossen Gefässe zu Grunde gingen, kam folgender Fall vor: N., von der zweiten Last- (Invaliden) Equipage, von untersetztem Körperbau, etwa 40 Jahr alt, hatte schon in früheren Jahren an asthmatischen Beschwerden häufig gelitten, über deren Natur man bei seiner eigenen Unfähigkeit, über seinen Zustand Auskunft zu geben, nichts Näheres erfahren konnte. Am 28. Mai 1837. ward er Nachts mit folgenden Erscheinungen in das Hospital getragen, die nach der Aussage seiner Begleiter plötzlich aufgetreten waren: Gesicht gedunsen, Augen gläsern, Athem sehr beschleunigt, fast reines Bauchathmen, — er brachte nur einzelne Worte hervor, durch die er ein brennendes Gefühl in der Herzgegend ausdrückte, nach welcher er auch häufig mit der Hand griff, dabei grosse Angst empfindend; in den Lungen stossweise hörbares rasselndes Respirationsgeräusch, normaler Percussionston. In der Herzgegend ein weiter als normal verbreiteter dumpfer Percussionston, und bald ganz verschwindender Herzschlag, — ebenso unfühlbar der Arterienpuls; — die Extremitäten, Nase und Zunge kalt, alsbald trat gänzliche Erschlaffung der Muskelthätigkeit ein, so wie Unfähigkeit sich zu bewegen und zu sprechen. Eine Venaesectio von einem Pfunde brachte einige Erleichterung, dann hörte das Blut auf zu fliessen. Das Blut setzte einen grossen schwärzlichen weichen Blutkuchen ab mit röthlich gefärbtem Serum. Ausserdem wurden 10 blutige Schröpfköpfe in die Herzgegend gesetzt, Senfteige an die Arme und Beine, reizende Fussbäder und Klystiere angewendet. Doch starb der Kranke schon zehn Stunden nach seiner Aufnahme. — Section 24 Stunden nach dem Tode bei einer Temperatur von 10 bis 12° R.; Körper wohlgenährt; — in den Venen der Hirnhäute viel Blut. Beide Lungen waren voluminös, unbedeutend mit der Costalpleura verwachsen, durchgängig mit schwarzem dicken Blut getränkt, doch überall crepitirend; — ein Theil des vorderen linken Lungenlappens mit dem Pericardium verwachsen. Nach dem Aufschneiden des letzteren floss etwa ein Pfund der bekannten blutigen Flüssigkeit aus, und darauf präsentirte sich das Herz wie ein blutiger Klumpen; es war mit schwärzlich rothen, blutiggetränkten, zarten Pseudomembranen bedeckt, und an mehreren Stellen, von der Grösse eines Silber-Rubels eine jede, mit dem serösen Herzbeutelblatt fest verwachsen, welches selbst nur wenig geröthet gefunden wurde; das Herz kleiner als die Faust der Leiche, die Muskelsubstanz mürbe, blass, die innere Auskleidung des Herzens und der grossen Gefässe livid. — Die Magenschleimhaut derb, injicirt, die Dickdärme an mehreren Stellen mit Sugillationen unter der Serosa bedeckt; die Leber blutreich; — in den übrigen Organen nichts Bemerkenswerthes. — In diesem Falle hatten wahrscheinlich frühere entzündliche Processe, deren Spuren deutlich vorhanden und die im Leben Veranlassung zu den asthmatischen Beschwerden gewesen waren, die Prädisposition zu dem letzten lethalen Vorgange gegeben; — die herrschende scorbutische Diathese, der auch dieser Kranke unterlag, vereinigt mit der Tendenz der herrschenden Krankheiten nach den Brustorganen, vorzüglich dem Herzen und den grossen Gefässen, hatten bei diesem prädisponirten Subject den Ausschlag gegeben.

Ein acuter Process hatte sich dem bestehenden chronischen beigesellt, und das hämorrhagische Exsudat veranlasst; — dass dieses nicht in der gewöhnlichen grossen Quantität ergossen war, mag wohl darin seinen Grund gehabt haben, dass der Herzbeutel durch die Verwachsungen verhindert war, sich auszudehnen, um so schneller und bedeutender musste das Herz in seiner Thätigkeit gehemmt werden, um so rascher der Tod eintreten.

Zweite Beobachtung. Frische Tuberculose des Peritonaeums und alte Tuberculose der Mesenterialdrüsen; — fettige Leber. — Ueber den Verlauf der Krankheit ist wegen der sehr unvollkommenen mir zu Gebote stehenden Krankheitsgeschichte wenig bekannt, indessen gewinnt der Fall durch die Section an Interesse, indem er zeigt, wie bei einer auf der ersten Stufe der Bildung befindlichen Tuberkelbildung im Peritonaeum, auch die demselben eigenthümlichen übrigen Veränderungen auf einer niederen Stufe der Entwickelung bleiben. — Ein Matrose, von mittlerer Constitution, 28 Jahr alt, kam am 14. November 1837 mit häufigen flüssigen Stuhlausleerungen, tenesmodischen Schmerzen im Unterleibe und fieberhaften Erscheinungen ins Hospital; nach einigen Tagen bemerkte man eine Auftreibung des Bauches, Sinken der Kräfte und des Pulses und am 30. desselben Monats erfolgte der Tod. — Section. Ein nicht sehr abgemagerter Cadaver. Gehirn durchgängig weicher als normal. Lungen vollkommen gesund, bis auf den unteren Lappen der rechten, der im Zustande der Splenisation sich befand. Das Herz unverändert, — in der Bauchhöhle vier bis fünf Pfund dunkelröthlich gefärbtes Serum. Die Leber mit ihrer oberen Fläche durch alte Verwachsungen mit dem Zwerchfell verbunden, die braune Substanz in ihr verschwunden, dagegen ganz in eine gelbe, weiche, fettige Substanz verwandelt; in der Gallenblase nur Schleim; Milz etwas vergrössert. Das Netz verdickt, und ging von der grossen Curvatur des Magens über das Colon transversum über die Dünndärme hinüber von der Breite einer flachen Hand bis in die Gegend des Poupart'schen Bandes rechter Seits herab, wo es fest mit dem Peritonaeum cohärirte. Es war in seiner verdickten Substanz so wie auf seiner Oberfläche mit einer zahllosen Menge stecknadelkopfgrosser roher Tuberkel besäet. Auf dem Peritonaeum der Bauchwand eben solche Ablagerungen, die Membran aber rings herum weiss, glatt und glänzend. Dieselben Tuberkel fanden sich auch auf der serösen Fläche aller Gedärme zerstreut; die meisten Mesenterialdrüsen in Tuberkelmasse verwandelt, die bei mehreren bereits anfing in der Mitte zu zerfliessen. In manchen bestand noch kenntliches Drüsengewebe blutig infiltrirt und Tuberkeln neben einander, in anderen war das Drüsengewebe nur noch an der Peripherie kenntlich, in den meisten ganz verdrängt. Im Coecum, Ileum, und Colon adscendens auf der Schleimhaut frische und auch schon erweichte Geschwürbildung veranlassende Tuberkel. In den übrigen Organen nichts Bemerkenswerthes.

Weiter entwickelt waren sowohl Tuberkel als das hämorrhagische Exsudat in folgendem Fall:

Dritte Beobachtung. Peritoneal-Tuberkel, — hämorrhagisches Exsudat in der Bauchhöhle und linken Pleurahöhle. — Der Kranke, von der Arbeiter-Equipage der Flotte, 30 Jahr alt, von gracilem Bau, früher immer gesund, hatte im Januar 1838 fast vier Wochen mit einer bald serösen, bald schleimigen Diarrhöe im Hospitale gelegen, wobei er häufig über dumpfen Schmerz im ganzen Unterleibe klagte, in dem man bisweilen an der Seite eine undeutliche Fluctuation zu bemerken glaubte; die Zunge veränderte ihr Aussehen in dieser Zeit mehrere Male auf eine auffallende Weise. Sie erschien anfangs aschgrau, dann dick, bräunlich belegt, dann trocken, zuletzt ganz glatt, dunkelroth, woraus sich auf ein tiefes Leiden der Darmschleimhaut schliessen liess. Von Anfang an war eine auffallende Frequenz des Pulses bemerkbar, die bis auf 140 in der Minute stieg.

Die Behandlung bestand im Beginn der Krankheit in Oleosis, örtlichen Blutentleerungen durch Schröpfköpfe, Cataplasmen, häufigen Bädern, Einreibungen von Unguentum mercuriale mit ätherischem Oel; — dann, als die Kräfte immer mehr sanken, wobei zugleich scorbutische Flecke auf den Beinen erschienen, in Plumbum aceticum mit Opium durch den Mund, und in Klystieren mit Amylumabkochung, Camphor mit Opium, Acidum muriaticum dilutum, saure Waschungen u. s. w. Bei der letzten Behandlung besserte sich Patient auffallend, die Zunge wurde feucht, rein, die Diarrhöe und Schmerzhaftigkeit verminderten sich, es stellte sich Appetit ein, nur der Puls verlor verhältnissmässig wenig an Frequenz; — doch dauerte diese Besserung nicht lange, alle Erscheinungen traten mit erneuter Heftigkeit wieder auf; 24 Stunden vor dem Tode sistirte die Diarrhöe, gleichzeitig aber nahmen die Schmerzen bedeutend zu, der Leib trieb sich auf mit merklicher Fluctuation, der Athem ward kurz, der Puls myurus, der Kranke verlor das Bewusstsein, und so verschied er am 25. Januar. Bei der Section ward im Gehirn nichts Auffallendes gefunden; — die rechte Lunge gesund, die linke durch ein bedeutendes blutig seröses Exsudat auf den vierten Theil ihres Volumens zusammengedrückt, die Pleura durchaus glatt, nur bläulich gefärbt. Eine ähnliche, wohl acht Pfund betragende Flüssigkeit füllte die Bauchhöhle aus; das Netz war besetzt mit zahllosen Linsen- bis Erbsengrossen Tuberkeln, ebenso die ganze seröse Oberfläche des Darmes und Peritonaeums; ausserdem fanden sich unter der Serosa zerstreute kleine Blutaustretungen von der Grösse eines Stecknadelkopfs. Diese Tuberkeln waren theils roh, theils erweicht, und vorzüglich um die letzteren herum befand sich ein schwarzblauer, glanzloser, nach den Rändern verwischter Fleck, wodurch das ganze Peritonaeum ein missfarbiges, geflecktes Aussehen erhielt. Auf der Schleimhautfläche des Darms nur eine Auflokkerung der etwas röthlich gefarbten Schleimhaut. — In den übrigen Organen keine auffallende Veränderung. — In diesem Falle war der Bildung des hämorrhagischen Exsudats die Tuberkelbildung des Peritonaeums längere Zeit vorausgegangen, und die Ursache der dumpfen Schmerzen und der Diarrhöe gewesen; wenigstens war eine ergossene Flüssigkeit vor der letzten Epoche der Krankheit nicht deutlich nachzuweisen. Als die Blutzersetzung immer mehr zunahm, was sich auch äusserlich durch scorbutische Flecken aussprach, entstand eine plötzliche Ergiessung in bedeutender Menge, — indem erst jetzt eine Veränderung im Athem bemerkbar ward, scheinbar gleichzeitig in der Peritoneal- und Pleurahöhle. Die Symptome des Vorganges in der letzteren wurden durch die auf die erstere gerichtete Aufmerksamkeit verdeckt, und weder vom Kranken noch vom Arzt wahrgenommen; so wie überhaupt keine specielle Ursache angegeben werden konnte, welche die Entstehung desselben in der Brusthöhle determinirte; — aus der anhaltenden Frequenz des Pulses lässt sich schliessen, dass das Exsudat in der Brusthöhle auch schon früher existirte und durch die Percussion und Auscultation hätte entdeckt werden können, wenn man dem Organ nur Aufmerksamkeit gewidmet hätte. —

Vierte Beobachtung. Pericarditis chronica mit plastischem Exsudat, — zu welchen sich ein hämorrhagisches hinzugesellt. Scorbut. Im Frühling 1838, wo ich wieder mehr Krankengeschichten und Sectionsberichte an Pleuritis und Pericarditis

Verstorbener verzeichnet finde, — und unter letzteren einen acut verlaufenen Fall mit eitrigem Exsudat von sechs Unzen, und weichen pseudomembranösen Schichten, — bei gleichzeitig herrschendem Scorbut, kam folgender Krankheitsfall vor: Pavel Borigä, 36 Jahr alt, ein Matrose von kräftigem Körperbau, kam am 9. März ins Hospital; er hatte vorher an Gliederschmerzen gelitten und Oppression auf der Brust, und sich durch eine selbstverordnete Venaesectio Erleichterung schaffen wollen; — auch waren die Gliederschmerzen gewichen, doch klagte er noch bei seinem Eintritt über ein Gefühl von Druck und Schmerz unter dem Brustbein; die Respiration war etwas beschleunigt, und zugleich ein Bronchialcatarrh mit reichlichem Auswurf vorhanden, — der Puls mässig frequent, ziemlich voll und regelmässig, die Zunge weisslich. Es wurden blutige Schröpfköpfe, Nitrum mit Tartarus stibiatus und später Vesicatore, Sulphur auratum mit Digitalis angewendet, mit vorübergehender Erleichterung für den Kranken; — gegen Ende des Monats traten scorbutische Symptome auf, durch geschwollenes Zahnfleisch und geschwollene Beine mit scorbutischen Stippen sich aussprechend, — dabei dauert die Oppression der Brust fort, es gesellen sich drückende Schmerzen in Hypochondrio dextro hinzu, die aber, nachdem der träge Stuhl befördert war, wieder verschwinden. Die Behandlung bestand gleichzeitig in Expectorantibus und Antiscorbuticis. Am 2. April, wo Patient in meine Behandlung kam, war die Respiration ängstlich, beschwerlich, kurz, er veränderte oft die Lage, suchte indess vorzüglich, die aufrechte; die linke Seite der Brust bot bis zur dritten Rippe einen dumpfen Percussionston dar, im untern Theil gar kein Respirationsgeräusch, oben nur ein schwaches; die Herzschläge sehr entfernt, der Puls ganz unterdrückt, fast unfühlbar, der Kranke überaus matt; über eigentlichen Schmerz klagt er nicht, kann auch ziemlich tief einathmen. Excretion des Stuhls und Urins träge, Zunge feucht und weisslich; eine Venaesectio von acht Unzen ergiebt ein dissolutes wenig coagulirendes Blut und bringt keine Erleichterung, — ebenso wenig die inneren Mittel: Digitalis mit Scilla; — Cremor tartari in einem Decocto juniperi — obzwar sie den Stuhl und Urin befördern; — im Gegentheil nehmen die genannten Erscheinungen zu und gleichzeitig auch die scorbutischen. Eine Diarrhöe, die sich am 10ten einstellt und einige Tage anhält, verändert ebenso wenig in dem Zustande; am 18ten ist Puls und Herzschlag nicht mehr zu fühlen; Patient verfällt leicht in Schlaf, die Pupillen sind träge, das Gesicht etwas gedunsen, die Extremitäten kühl. Reibungen, Vesicatore, Liquor ammonii anisatus. Am 19ten der ganze Körper eiskalt aber feucht, der Kranke horizontal auf dem Bett, die Brust an das Kopfkissen gedrückt, und stirbt in dieser Lage.

Section am 20sten. Der Schädel weich, Diploe blutreich, Gehirn mit Blut überfüllt, Centraltheile weich; — nach Hinwegnahme des Brustbeins präsentirte sich der Herzbeutel ungeheuer ausgedehnt, und angefüllt mit fünf Pfund schwärzlichen, blutigen, ganz flüssigen Exsudats. Die innere Fläche des Herzbeutels mit einer abschabbaren, eine Linie dicken, ziemlich festen Lymphschichte, schon mehr einer Membran ähnlich, überzogen, auf der serösen Oberfläche des Herzens, ein theils netzartiger, theils zottiger Ueberzug, besonders an der Basis, — an mehreren Stellen das Herz mit dem Pericardio durch feste Franzen verbunden. Herz selbst klein, die Substanz bleicher als normal, im rechten Herzen zahlreiche Coagula und eines von bedeutender Festigkeit. Beide Lungen fest mit der Rippenpleura verwachsen, — die Substanz der linken zusammengedrückt, schlaff, der rechten blutreich; Bronchialschleimhaut livid, aufgelockert, Leber gross, blutreich, mürbe, — Milz nicht verändert; —

in der Unterleibshöhle etwa drei Pfund gelbliches Serum. Sonst nichts Bemerkenswerthes.

Das Jahr 1839 war arm an scorbutischen Formen überhaupt und so auch an Complicationen, die den Tod herbeiführten. Desto heftiger traten sie im Jahre 1840 auf, und herrschten nicht nur an den Küsten des finnischen Meerbusens, sondern schienen über ganz Russland von Archangel bis ans schwarze Meer auch über das feste Land verbreitet zu sein; so in Moskau und andern Orten. Zu dieser Zeit kamen auch im Bereiche des genannten Hospitals normaler Scorbut, und gleichzeitig mit herrschender Brustaffection rheumatischer Natur, das scorbutische Asthma, welches viele Gewohnheits-Aderlasser uns zuführte, und verhältnissmässig für die Anzahl der Kranken viele Fälle von Pericarditis haemorrhagica vor. Es waren meist acut und rein verlaufende, dem oben gegebenen Bilde entsprechende Fälle, durch keine vorhergegangene entzündliche Leiden eingeleitet, wie in den Beobachtungen 1 und 4. Ich übergehe daher die Beschreibung einzelner Fälle, indem sie nichts besonders Abweichendes enthielten, und erwähne nur eines mit Scorbut complicirten Falles von Lungen- und Peritoneal-Tuberkeln, als interessant für die Diagnose und durch die Complicationen.

Fünfte Beobachtung. Lungen-Tuberculose; — scrophulöser Gliedschwamm des Knie- und Ellenbogengelenks. Hämorrhagische tuberculöse Peritonitis. Wasilii Komnin, 23 Jahr alt, Kantonist, von cachectischem, phthisischem Habitus, kam am 9. December 1839 ins Hospital. Er litt seit drei Monaten an einer Geschwulst des linken Knies, wozu sich später eine ähnliche am linken Ellenbogen gesellte, die indessen nur wenig schmerzten, aber die Bewegung behinderten. Gegenwärtig finden sich am Knie eine elastische mit gesunder Haut, bedeckte wenig schmerzhafte, die

Patella umgebende Geschwulst, welche das Knie steif macht; schmerzhaft ist der Druck nur auf den Condylus femoris internus, die Patella hat ihre normale Lage; — eine ganz ähnliche Geschwulst findet sich am Ellenbogengelenk, sie erstreckt sich über und unter das Olecranon, Schmerz entsteht nur beim Druck auf letzteres. Endlich befindet sich noch eine ähnliche Geschwulst über dem Gelenk der Mittelzehe des rechten Fusses mit dem Mittelfussknochen. Was den übrigen Zustand des Kranken anbetrifft, so leidet er seit längerer Zeit an einem chronischen Catarrh, der Puls ist frequenter als normal; die Unterschlüsselbein-Gegenden eingesunken, dumpf unter der Percussion klingend, das Respirationsgeräusch in beiden verschieden, aber vorzugsweise rauh, mit verhältnissmässig starkem Expirationsgeräusch; Darmfunction normal. Ein allgemeines scrophulöses oder tuberculöses Leiden war nicht zu verkennen. Von der Behandlung wenig zu erwarten. Es ward längere Zeit das Oleum jecoris aselli innerlich gebraucht, die Brust mit Fett fleissig eingerieben, an die Geschwülste in der Gegend der schmerzhaften Kniestellen Blutegel gesetzt, dann die Jod- und Quecksilber-Salbe, die Jodtinctur, am längsten und vortheilhaftesten die Etoupade angewandt. Unter der letzteren nahm die Kniegeschwulst gegen das Ende des Monats bedeutend ab, Schmerz und Fluctuationsgefühl verschwinden; — auch das Ellenbogengelenk gestaltet sich besser, — der Husten wird geringer, die Verdauung gut, nur der Puls immer beschleunigt. Am Ellenbogen wird jetzt ein compressiver Pflasterverband getragen, der aber nur palliativ hilft; nach Aufhebung desselben wächst die Geschwulst immer wieder an, eben so fruchtlos sind eingreifendere Mittel z. B. Unguentum tartari stibiati. Das Knie erhält sich dagegen besser. So zieht sich der Zustand hin, bis in der Mitte des Februar sich Scorcut hinzugesellt; an den Extremitäten als scorbutische Stippchen erscheinend; gleichzeitig wird das Aussehen des Kranken schlechter, das hectische Fieber dauert fort mit zunehmendem Husten. — Die Haut, welche die Ellenbogengeschwulst bedeckt, verdünnt sich; wird missfarbig, die Flüssigkeit unter derselben vermehrt sich, es wird durch einen kleinen Einstich gelblicher, ziemlich dicker Eiter mit käsigen Partikeln gemischt entleert, und darauf ein leichter Compressivverband mit Chamillen-Aufguss angefeuchtet angelegt. Nach einigen Tagen musste eine Contraapertur gemacht werden, worauf dünnerer, mehr mit käsigen Massen gemischter Eiter sich entleert; die Theile ringsum sind livid, etwas geschwollen und empfindlich. Umschläge von Acetum saturninum mit Infusum chamomillae, innerlich Calmusinfusum mit Säuren. Die Abscesswände schienen zu verkleben, nur zwischen beiden Aperturen bestand eine Fistel mit jauchiger Secretion. Allgemeinzustand verschlimmert sich. Am 24sten belegte Zunge, Kopfschmerz, grosse Mattigkeit, verstärktes Fieber; um die Aperturen herum entwickelt sich Gangrän und greift so rasch um sich, dass am 26sten das Olecranon und die Ulna schon entblösst sind, und zu wiederholten Malen Hämorrhagieen entstehen. Zu diesem hoffnungslosen Zustand gesellt sich eine Diarrhöe mit gelindem Leibschmerz und Erbrechen, der Unterleib treibt sich dabei allmählig auf, es entsteht grosse Schwäche, die Extremitäten werden kühl, Puls fadenförmig, und am 1. März erfolgt der Tod.

Section am 2ten. Abgemagerter Körper, die Unterschenkel mit scorbutischen Flecken besäet. Haut, Zellgewebe, Muskelschichten über und unter dem Olecranon im Umkreise von zwei Handflächen zerstört; — Caries peripherica des Olecranon und des oberen Drittheils der Ulna; — die Haut oberhalb fast bis an die Schulter unterminirt mit blutiger Jauche, mit der auch alle weichen angrenzenden Theile infiltrirt sind. — Am

Knie, wo der Process bis auf ein Gefühl von Steifheit und dumpfen Schmerz zum Stillstand gekommen war, stiess ich beim Einschneiden auf den Condylus internus femoris erst auf eine schwammig-speckige, röthliche Masse, die sich auch mehr oder weniger um das ganze Knie im Fettzellgewebe abgelagert fand; in der Gegend des Condylus internus aber war unter ihr eine Stelle des Knochens im Umfange eines halben Silber-Rubelstücks (oder $\frac{1}{3}$ Thalerstücks) der oberen Rindensubstanz-Lamelle beraubt, so dass der schwammige Theil desselben sichtbar war, doch bedeckt mit einer sehr dünnen, weichen, weisslichen, durchsichtigen Membran, welche mit keinem andern Theil, auch nicht mit dem Periosteum in Verbindung stand, und mit der Pincette leicht abgehoben werden konnte, und die ich am ehesten für die ihrer erdigen Theile beraubte, abgestossene Corticalknochen-Lamelle halten möchte, welche zu fehlen geschienen hatte. Das ganze Gelenkende war weich, schwammig, livid, ebenso fast das ganze untere Drittheil, die Rindensubstanz auch hier sehr dünn und weich, so dass das Messer mit Leichtigkeit tief eindrang. Die Geschwulst über der Fusszehe enthielt einen dicklichen, käsigen, gelblich weissen Inhalt, und Caries im Gelenkende der Mittelzehe.

Beide Lungen ringsum fest mit den Brustwänden verwachsen, in den oberen Parthieen kleinere und grössere Tuberkel-Ablagerungen meist unerweicht: — Herz, Magen, Pancreas und Milz normal, die Leber fest mit dem Zwerchfell verwachsen, weich und blutreich. Bei der Oeffnung der Bauchhöhle ergossen sich einige Pfunde blutiger Flüssigkeit, und das Peritonaeum zeigte sich auffallend verändert. Es war in seiner ganzen Ausdehnung schieferfarben und mit kleinen rohen Tuberkeln besäet, — das Omentum gleichfalls missfarbig und mit einigen, tiefer im Becken liegenden Darmschlingen leicht strangartig verwachsen; — eben solche Verklebungen fanden auch unter den Darmschlingen selbst statt. Die Schleimhaut des ganzen Darms war bleich, nur hin und wieder etwas injicirt, bot aber weder Tuberkeln noch irgend einen Substanzverlust dar. Auch die Mesenterialdrüsen waren nur wenig angeschwollen. Nieren blutreich, Blase aussen gefleckt d. h. mit Tuberkeln, welche einen lividen Hof hatten, bedeckt, die Schleimhautfläche normal.

In diesem Falle, wo sich die Lieblings-Verbindung zwischen Scropheln und Scorbut deutlich auch in den afficirten Gelenken und Knochen aussprach, war es nicht schwer, wenn auch nutzlos für die Behandlung, das am Schluss der Krankheit auftretende Unterleibsleiden als eine Peritonitis tuberculosa haemorrhagica zu diagnosticiren, da sowohl Tuberculose als Scorbut constatirt vorhanden waren. Eine besondere Ursache, welche diesen Process nach dem Peritonaeum determinirte, war nicht zu ermitteln, so wenig wie in den andern seither erwähnten Fällen. — Die Entstehung aber des Scorbuts überhaupt bei dem Subjekt war hinlänglich motivirt durch das Bestehen des verwandten tuberculösen Leidens, die Jahresconstitution und den Hospitalaufenthalt. — Gleichzeitig nahmen auch noch andere scrophulöse Haut-, Drüsen- und Knochenleiden im Hospitale den scorbutischen Charakter an; — eines der letzteren endete, nachdem der scorbutische Brand weit um sich gegriffen hatte, tödtlich mit einer Phlebitis und consecutiven lobulären Hepatisation der Lungen.

Sechste Beobachtung. Morbus maculosus Werlhofii. —. Anschwellung der Milz. Genesung. N., Schreiber, 18 Jahr alt, noch ohne Zeichen der Pubertät, von zarter Haut, blass-gelblichem Teint und schlaffer Faser, gracilem Körperbau, hatte schon einige Mal in einem andern Hospital gelegen, worüber er nichts anzugeben weiss, als dass er vor einem Jahr während einiger Wochen Fieberanfälle gehabt, und vor drei Wochen wegen schlechten Geschmackes, und Verstopfung eine Abführung bekommen habe. Am 28. November 1840 betrat er das zweite Seehospital mit folgenden Erscheinungen. Die ganze Hautoberfläche ist mit blauschwarzen Petechien von verschiedener Grösse, die grössten vom Umfange einer Erbse, bedeckt, die oberflächlichen Hautvenen überall bläulich, Temperatur mässig erhöht, — das linke Hypochondrium aufgetrieben; man fühlt darin einen Körper, der nach innen bis an die Linea alba, abwärts bis eine Hand breit unter die wahren Rippen reicht, nach hinten bis an die Wirbelsäule, einen unteren ziemlich scharfen Rand, und überall einen dumpfen Percussionston darbietet, bei der Berührung sehr schmerzhaft und (wahrscheinlich) nichts Anders ist, als die vergrösserte Milz. Zugleich und durch diese Anschwellung bedingt, bedeutende Beklemmung des Athems bei normalen Respirations- und Herzgeräuschen; nur ist der Herzstoss etwas nach dem linken Schlüsselbein hinaufgerückt. In der Geschwulst fühlt man ein vom Herzen mitgetheiltes Klopfen. Der Schmerz hat nach Aussage des Kranken vor vier Tagen im linken Hypochondrio allmählig begonnen, mit allgemeinem Unwohlsein; — der Stuhl war in dieser Zeit unregelmässig, der Kopf eingenommen und einige Male Nasenbluten dagewesen. Auch jetzt klagt Patient über dumpfen drückenden Kopfschmerz, die Zunge ist in der Mitte belegt, die Ränder roth, ein unangenehmer metallischer Geruch geht aus dem Munde, das Zahnfleisch ist aufgelockert, leicht blutend, — Durst — Puls gespannt, frequent, härtlich. Tartarus tartarisatus eine Unze in sechs Unzen Aquae menthae, alle zwei Stunden einen Löffel, — Blutegel an das linke Hypochondrium, — Klystier. 29sten. Zustand wie gestern; etwas Nasenbluten aus dem linken

Nasenloch; Stuhl flüssig gelblich, Urin dunkel blutigroth, crud. Blutegel wiederholt, — aromatische Fomentation des linken Hypochondriums. 30sten. Puls etwas langsamer und weniger gespannt, die Geschwulst der Milz unverändert, aber weniger schmerzhaft, der Athem erleichtert. Der Unterleib dringt etwas an. Stuhl von normalem Aussehen, Urin wie gestern; Blutegelstiche rings von grossen Ecchymosen umgeben. — Innerlich Salzsäure; — sauer aromatische Waschungen der Haut. 1. December. Die Milzanschwellung weniger schmerzhaft, Puls freier, Nasenbluten hat stattgefunden; Stühle gallig, schleimig, Urin wie früher; die Flecken der Haut unverändert, Temperatur mässig erhöht. 4ten. Schmerz in der Geschwulst bedeutend geringer, auch das Fieber, das nur noch Abends exacerbirt; Athem freier, bisweilen noch kleine Blutungen aus Mund und Nase; Stuhl zwei Mal täglich; Urin noch dunkel. 5ten bis zum 7ten. Die Flecken und Hautvenen werden blasser und manche verschwinden schon; Urin heller; Fieber exacerbirt noch am Abend; Blutung aus der Nase selten und gering; Zunge roth, dunkel mit streifigem Beleg; Geschwulst hat an Grösse etwas abgenommen. 9ten. Der Kranke magert etwas ab, fühlt sich kraftlos; Ascites wird deutlicher, sonst keine Veränderung. Chinini sulphurici gr. jj drei Mal täglich. 12ten. Gar kein Fieber, etwas Appetit, Zunge rein, Flecken fast ganz verschwunden, Zahnfleisch bessert sich. 14ten. Ascites nimmt zu, Urin, Stuhl normal, — Geschwulst nimmt nicht ab, von Zeit zu Zeit spannender Schmerz darin. — Ferrum sulphuricum. Bis zum Ende des Monats verändert sich nichts. Der Kranke hat abwechselnd die Eisenpräparate mit einer Mixtur aus Taraxacum und Tartarus tartarisatus genommen. Anfang Januar 1841 Stuhl und Urin-Secretion sind im Gange; kein Fieber; das Wasser im Bauch nimmt ab; die Geschwulst wenig verkleinert. 14ten. Geschwulst sichtlich kleiner, — der Bauch fast normal; Kräfte nehmen zu. Am Ende des Monats wird Patient bei relativem Wohlbefinden mit einer noch wahrnehmbaren Milzanschwellung entlassen.

Das Frühjahr von 1841 war bei weitem nicht so reich an scorbutischen Formen als das des verflossenen Jahres. Sie fixirten sich mehr an ihren Normalstellen und obzwar auch scorbutische Exsudate in den serösen Höhlen nicht gänzlich fehlten, so verliefen sie doch weniger rapid, und es kamen selbst einige Fälle von Heilung vor. Die im Ganzen viel geringere Sterblichkeit in den Hospitälern beruhte gewiss zum grossen Theil auf der weniger ausgesprochenen scorbutischen Dyscrasie dieses Jahres.

Die jetzt folgenden Fälle von Scorbut betreffen unter anderen mehr secundäre Formen, und dienen zum Beleg dafür, was oben vom secundären Scorbut im Allgemeinen gesagt wurde. Sie zeigen sich weniger an die Jahresconstitution gebunden, wie die primären, sondern in engem Causalnexus mit den sie bedingenden Leiden, als dessen höchste Stufe sie erscheinen.

Siebente Beobachtung. Cirrhose der Leber. Icterus. Ascites und Anasarca. Scorbut. Ein Bootsmann von robustem Körperbau, 30 Jahr alt, früher dem Trunke ergeben, bemerkte schon im Sommer 1841 während einer Seecampagne, bei relativem Wohlbefinden, eine icterische Färbung seiner ganzen Haut. Vor einem Monat fingen die Beine an, zu schwellen, und dann der Bauch, worauf er Mitte Octobers in's Hospital kam. Status praesens: Die Haut dunkel icterisch, an den Beinen Oedem, — Ascites im hohen Grade, — Füsse bläulich sugillirt, an den Unterschenkeln scorbutische Stippen, — Zahnfleisch geschwollen, blauschwarz, — starke Spannung des Bauches, Schmerz im rechten Hypochondrium, Athemnoth, — Stühle breiig, weisslich lehmartig, — Urin dunkel icterisch gefärbt, meist sparsam, — Puls gereizt, — Zunge roth, in der Mitte gelblich belegt, — Durst. Bald entstanden blau unterlaufene, harte, diffuse, heisse, schmerzhafte Anschwellungen an Rücken und Kreuz, die später auf die innere Schenkelfläche übergingen; die Anschwellungen der Beine und des Bauches nahmen zu; — ein trockener Husten (nur selten wurde etwas dissolutes Blut ausgehustet) stellte sich ein; Stuhl und Urin blieben, wie beschrieben. Angewendet wurden anfangs Tamarinden mit Tart. tart.; Elixir vitr. Myns.; zum Getränk Succ. citri und Baccar. oxycocci hinzugesetzt; — Fussbäder mit Königswasser; Einreibungen mit Camphoressig, Ol. tereb. u. s. w. Die oben beschriebenen Anschwellungen traten oft in Einer Nacht auf, verschwanden auch oft wieder eben so schnell. Am 3. November Abends trat plötzlich Röcheln ein und am 4ten Morgens der Tod. — Section nach 24 Stunden: Haut, Fett, alle serösen und fibrösen Theile dunkel icterisch gefärbt, Knochen gleichfalls gelb, aber blasser, der Schädel erwies sich beim Durchsägen sehr weich. Die Arachnoidea stark venös injicirt. Hirnsubstanz weich, reich an Blutpunkten, die Hirnhöhlen leer, Farbe normal. Lungen hinten hypostasirt, fast luftleer, mürbe, nach vorn etwas Emphysem, Oberfläche schwarz marmorirt, — in den Pleurahöhlen 1—2 Pfund blutig gefärbtes flüssiges Exsudat, — Pleura eben, glatt. Herzbeutel durchgängig mit dem Herzen verwachsen, aber noch trennbar, — Herzsubstanz livid, weich, mürbe. Bronchialschleimhaut violett, wulstig. Leber mit dem Zwerchfell bandartig verwachsen, atrophisch, — Oberfläche uneben, — an manchen Stellen rauh, selbst reibenartig durch kleine weissliche unter der serösen Bekleidung sitzende Knötchen; — Substanz gleichförmig dunkelgallig gefärbt, fest, ja knirschend, lappig auf dem Durchschnitt, blutleer. Gallenblase mit zäher, schwarzer

Galle mässig angefüllt; den Duct. choledochus konnte man nicht bis in das Duodenum verfolgen. In diesem die Schleimhaut stark geschwollen. Der Magen ausgedehnt durch Luft, am Fundus sugillirt, mit blutig gestreiftem Schleim bedeckt. Das Netz fettreich. Pancreas normal. Milz sehr gross; auf der Oberfläche weisse, breite, sehnige Flatschen. Substanz weich, fast breiartig. Nieren weich, blutreich. Durch die gelbe, sonst unveränderte Peritonealbekleidung des Darmkanals schimmern bläuliche Flecken durch, von injicirten Peyer'schen Drüsen herrührend, sonst die Schleimhaut normal. In der ganzen Bauchhöhle mehrere Pfunde blutig gefärbter Flüssigkeit. Die Venen des Unterleibes strotzend.

Achte Beobachtung. Tuberculosis. Scorbut. — Ans Sait, 21 Jahre alt, Esthe, von schwächlichem Habitus, betrat am 24. September 1841 das Hospital wegen eines scorbutischen Geschwürs am rechten Unterschenkel. Nach seiner Aussage war es nach einem Stosse entstanden. Es hatte eine ovale Form, unreinen, flachen, bläulichen Grund und Umkreis, dünne flache Ränder, sparsame, dünne, blutig schleimartige Secretion, war nicht sehr schmerzhaft, und von der Grösse eines Silber-Rubels. Es vergrösserte sich nur langsam bis auf das Doppelte, und später gesellte sich spontan noch ein zweites an der innern Fläche desselben Unterschenkels hinzu. Dabei war der Allgemeinzustand des Kranken gut, bis gegen die Mitte des Novembers ein nächtlicher, trockner Husten erschien, mit beschleunigtem Athem, sehr schnellem Pulse, grosser Mattigkeit. Zugleich zeigten sich scorbutische Flecken an beiden Unterschenkeln und schwammiges Zahnfleisch; — dabei ein Erysipel im Gesicht, von der Nase beginnend (vielleicht durch Ansteckung entstanden, indem sich mehrere Fälle von Gesichtsrose in demselben Krankenzimmer befanden), welches in 8 Tagen verlief und sich nicht sehr ausbreitete.

Der Husten aber, die schnelle Respiration, der Puls blieben gleich. Der Kranke selbst klagte nur über Schwäche. Das Respirationsgeräusch war undeutlich zu hören, was zum Theil davon abhängen mochte, dass er nie gehörig einzuathmen verstand, und auch die Stimme überaus schwach war. Hinten am Thorax hörte man bisweilen congestives Geräusch. Husten immer trocken. Percussion überall etwas dumpf. Tod am 1. December Abends. Die Behandlung hatte anfangs in innerer und äusserer Anwendung der Bierhefe bestanden, — später, als die Brustsymptome hervortraten, ward ein kleiner Aderlass, der ein vollkommen scorbutisches Blut ergab, gemacht, Senfteige applicirt, — Digitalis mit Säuren u. a. m. gereicht. — Section am 3ten früh. Körper abgemagert; — zwei Geschwüre an der innern Seite des unteren Theiles des Unterschenkels; der Grund derselben oberflächlich aus einer, auf dem darunter liegenden Fettpolster festsitzenden blutig infiltrirten zelligen Schicht bestehend; — so weit der blaue Umkreis reichte, war unter der verdünnten Haut ein krümliches, flaches, schwärzliches Blutcoagulum verbreitet. Die tiefer gelegene Fettschicht u. s. w. unverändert. Auf beiden Unterschenkeln scorbutische Stippen. — Hirnhäute normal. — Hirnsubstanz hart, reich an Blutpunkten, — der Schädel hart. Lungen durchgängig fest angewachsen. Die ganze Substanz der Lungen, vorzüglich aber die oberen Theile mit kleinen miliären Tuberkeln durchsäet, die an einigen wenigen Stellen schon zusammentraten, und hin und wieder auch erweicht waren, grösstentheils aber hart und körnig. Die umgebende Lungensubstanz fand sich in verschiedenem Zustande, — nach oben und der Mitte mürbe, krümlich durch die reichlichen Tuberkel-Ablagerungen, — nach hinten blutig zähe infiltrirt, ja splenisirt, an anderen Stellen schieferfarbig, fast gallertartig. Herz normal, das Endocardium und die innere Haut der grossen Gefässe livid aber glatt. — Magenschleimhaut ganz bleich, weiss. Leber hellbraun, fettig. Auf der untern Leberfläche kleine härtliche Tuberkelknötchen. Milz von massiger Grösse, sehr mürbe. Auf dem Peritoneal-Ueberzug des Coecum, Colon asc. und transv. eine grosse Anzahl kleiner Tuberkeln. Mesenterialdrüsen geschwollen, auf dem Durchschnitt blauschwarz infiltrirt, mit eingesprengter Tuberkelmasse. Innere Darmfläche normal; — im Ileum, etwa 20 Zoll vom Coecum entfernt, ein wahrer Divertikel von 2 Zoll Länge und 1 Zoll Durchmesser an der Mündung. Nieren, Blase u. s. w. normal.

Im vorliegenden Falle mochte wohl eine tuberkulöse Anlage vorhanden gewesen sein, doch schien ihre Entwickelung zur Krankheit wesentlich durch den Scorbut bedingt und befördert worden zu sein. Beim Eintritt des Kranken in's Hospital war keine Spur derselben sichtbar, — sie entwickelte sich, wie es scheint, plötzlich, und ziemlich weit verbreitet, und der Kranke unterlag dem combinirten Leiden fast noch im ersten Stadio desselben. —

Neunte Beobachtung. Atrophia hepatis cirrhotica. Tuberculosis pulmonis dextra. Scorbutus. Gangraena cruris. Iwan Injuschin, 21 Jahr alt, Rekrut, von starkem Gliederbau, kam am 30. Juli 1841 mit unbedeutenden catarrhalischen Erscheinungen, ohne Fieber, in's Hospital. Gleichzeitig litt er an einem schmerzhaften, über der Crista tibiae des linken Unterschenkels gelegenen, unreinen, lividen Geschwür mit blutig jauchiger Secretion, unverkennbar von scorbutischem Charakter. Die catarrhalischen Beschwerden sowohl als das Geschwür bessern sich bald. Am 20. August war letzteres vollkommen geheilt, — bricht aber bald wieder auf und wieder mit deutlichem scorbutischen Aussehn; — rings herum bildet sich eine schmerzhafte Geschwulst, die gleichfalls in Geschwürsbildung übergeht;

— mehrere Male verkleinert sich das Geschwür, ja vernarbt durch ein feines Häutchen, der Umkreis aber bleibt immer livid, so wie auch das Häutchen, und schmerzhaft. Letzteres wird dann durch eine darunter ergossene schwärzliche durchschimmernde Masse erhoben, platzt, oder wird aufgedrückt, worauf schwarzes, klümpiges Blut hervorquillt und sich wieder ein Geschwür bildet. So stand die Sache auch Anfangs November, als sich ein sehr schmerzhafter Bubo in der Regio inguinalis derselben Seite bildete. Gleichzeitig fing auch das Geschwür an, sich auszubreiten. Am 23sten bricht der Bubo auf, es ergiesst sich aber nur theils flüssiges, theils coagulirtes Blut von schwarzer Farbe. Gangrän zeigt sich bald hier, und am Geschwür des Unterschenkels, welches sich jetzt unter grossen Schmerzen rasch ausbreitet. Mehr als $\frac{3}{4}$ der Haut des Unterschenkels, viele Muskelbäuche, mehrere oberflächliche Venen u. s. w. werden zerstört, die Tibia und Fibula an ihren unteren Enden blossgelegt, begleitet von Hämorrhagieen, hectischem Fieber, Delirien, Convulsionen. Endlich, in der Mitte des Decembers limitirt sich der Brand an mehreren Stellen und es entsteht hin und wieder Eiterung; die Kräfte sinken aber auf's Aeusserste, Delirien und Fieber dauern fort. Am 20sten ein heftiger Schüttelfrost, bald darauf Schmerzen im Unterleibe, deren genauern Sitz der meist delirirende Kranke nicht angeben konnte, mit Durchfall, die aber bald wieder nachlassen. Gleichzeitig hört die Secretion im Bubo und im Geschwür auf. Am 23sten Tod. — Section: Die Tibia nur an ihrem untern Ende und vordern Fläche vom Periosteum entblösst; — oberhalb, wo sie gleichfalls frei lag, sass das Periosteum noch darauf. Auf dem Durchschnitt zeigte sich unterhalb eine weichere Rinden- und Marksubstanz als oberhalb, und Spuren von blutiger Infiltration. — Im Gehirn keine auffallende Veränderung, ausser eine grössere Weichheit der Centraltheile als normal. Der ganze obere rechte Lungenlappen tuberkulös infiltrirt, — die Tuberkelmasse meist erweicht, grünlich, der übrige Theil der Lunge und die linke mit dunkelschwärzlichem Blut erfüllt, mürbe, fast zerfallend. Herz normal. Im Magen schwärzliche Streifen. Leber atrophisch; der linke Lappen auf einen kleinen Anhang reducirt, — der rechte fast kugelförmig, Substanz auf dem Durchschnitt weiss, fast knorpelhart, blutleer. Gallenblase mit schwarzer, theerartiger Galle angefüllt. Milz sehr gross, breiartig, blass. Dünndarm sehr eng und schlaff, vom Lumen eines Hasendarms. Phlebitische Processe, auf welche die Erscheinungen der letzten Tage hindeuteten, liessen sich nicht nachweisen. —

Zehnte Beobachtung. Peritonitis granulosa, tuberculosa haemorrhagica durch auffallende Hirnsymptome verdeckt. Diesen Fall habe ich nur am Schluss des Verlaufes und bei der Section beobachtet. Michailo Nikunin, Matros der Garde-Equipage, 29 Jahr alt, von robustem Habitus, betrat das Hospital am 7. December 1841 mit Symptomen eines gastrischen Fiebers, hervorstechendem Kopfschmerz und Schlaflosigkeit. Am 12ten ist notirt, dass der Puls langsamer geworden ist als normal, bei anhaltenden Delirien, grosser Unruhe, trägem Stuhl und Schmerz in der Regio iliaca dextra. Derselbe Zustand scheint ohne auffallende Veränderungen bis zum 16ten und 17ten angehalten zu haben, wo flüssige Stühle eintraten. Unter den hervorstechenden Symptomen ward auch eine bedeutende Pulsation der straff anzufühlenden Carotiden angeführt. Die Behandlung hatte anfangs bestanden in Ekelreizen, dann Venaesectio, Blutegel an das Septum narium, Vesicatore im Nacken und an die Waden, reizende Klystiere, — dann Schröpfköpfe auf den Unterleib, Calomel, — kalte Begiessungen im warmen Bade u. s. w. Am

22sten involuntäre Darmausleerungen und Lähmung der Blase, der Puls schnell, zitternd, schwach, Flockenlesen, Zusammenzucken beim Anfühlen jedes beliebigen Körpertheils, Bewegungen der Kinnladen, sardonisches Lachen, trockne, rauhe Zunge, mussitirende Delirien, kurz alle Symptome einer sogenannten F. nerv. versatilis. Am 25sten Tod.

Section am 26sten. Schädel hart, ziemlich dünn, in den Sinus und Venen der Dura mater viel schwarzes flüssiges Blut, nur im Sinus long. ein kleines fibrinöses Coagulum. Die Oberfläche der Arachnoidea matt glänzend, pia mater gefässreich. An der Basis des Gehirns die Arachnoidea verdickt, trübe, sackähnliche Ansammlung von Flüssigkeit am Vermis. Hirnmark fest, zähe, reich an Blutpunkten, — die Seitenventrikeln nach allen Richtungen hin sehr ausgedehnt, und etwa 1 Unze röthliches Wasser in jeder. Die Wände derselben an der Oberfläche durchgängig milchbreiartig erweicht, so auch der Fornix, die graue Substanz der Corpora striata u. s. w. Das Foramen Monroi sehr erweitert. Die Plexus chor. wässrig infiltrirt. — Lungen auf beiden Seiten fest verwachsen, zum Theil mit schwarzem flüssigem Blut infiltrirt, aber durchgängig für die Luft, — die rechte am vordern Rande emphysematös, anämisch. — Herz etwas grösser als normal, fettreich, Substanz livid, — mürbe, schwarze, geringe Coagula und Blut enthaltend; — innere Haut livid, die Farbe aber abwischbar. Die Carotiden schienen mir weiter als normal. — Magen am Fundus fein reticulös infiltrirt, — gegen den Pylorus mit starken Runzeln durchsetzt, kleine Sugillationen enthaltend. Leber dunkelbraun, blutreich, — Milz nur wenig vergrössert, mässig erweicht. — Peritonaeum durchgängig, besonders wo es die Dünndärme überzieht, ferner als Ueberzug der ausgedehnten Blase, an den Bauchwänden, am meisten aber in den Inguinalgegenden blauschwarz gefärbt, und mit weisslichen erhabenen Flecken besäet. Diese sind von der Grösse eines Stecknadelkopfs, fliessen aber an manchen Stellen zusammen und bilden dann Plättchen bis zu der Grösse eines halben Silbergroschen's mit gezackten Rändern, zumal in den Inguinalgegenden. Diese weisslichen Erhabenheiten werden gebildet durch eine unter der Serosa abgesetzte Masse, die dem Tuberkelstoff am ähnlichsten ist, wie besonders an den grösseren zusammengeflossenen Ablagerungen erkennbar ist. An manchen Stellen erscheinen unter der Serosa, aber an ihr anhängend, kleine stecknadelkopfgrosse Blutaustretungen, welche den ursprünglichen Sitz für jene Ablagerungen abzugeben scheinen. In der Bauchhöhle 4 Pfund blutiger, in's Bräunliche spielender Flüssigkeit. — Die Schleimhautfläche des Darmkanals überall, wo die Serosa sehr dunkel ist, gleichfalls intensiv gefärbt, aber ohne Ablagerung und ohne Substanzverluste. — Mesenterialdrüsen nicht infiltrirt. — Peyer'sche Drüsen sichtbar und dunkel. Nieren gross, blutreich. Unter der Schleimhaut der Blase kleine Blutaustretungen. Substanz der Schleimhaut normal.

Eilfte Beobachtung. Atrophia hepatis. Icterus. Scorbut secundär. Pericarditis und Peritonitis haemorrhagica. — Parfen Fosnin, 38 Jahr alt, von hagerem Körperbau, hatte schon öfter an Icterus gelitten, der besonders in der kalten Jahreszeit gern wiederkehrte, über dessen erste Entstehung er aber nichts anzugeben wusste. Am 27. December 1841 kam er in's Hospital wegen einer Geschwulst in der rechten Orbitalgegend, die vom äussern Augenwinkel sich gegen die Schläfe und abwärts nach dem untern Jochbeinrande erstreckte, — gleichzeitig hatte er eine Wallnussgrosse Geschwulst am Cond. int. humeri dextri; — Beide sollten spontan entstanden sein, fluctuirten und waren schmerzhaft. Die Haut auf der erstern verdünnt und livid.

Dabei litt er noch an einer panaritiumartigen Anschwellung des kleinen Fingers der rechten Hand, die seit 8 Tagen ohne grossen Schmerz entstanden war und jetzt eine intensiv gelbe, zähe, klebrige, mehr dicklichem Schleim als Eiter ähnliche Flüssigkeit aussonderte, so wie überhaupt alle diese Geschwülste mehr den sogenannten lymphatischen als phlegmonösen glichen. Die des Ellenbogens schien der Bursa mucosa anconaea anzugehören. — Das Allgemeinbefinden des Kranken war relativ gut; — Appetit, Puls, Schlaf normal; — die Farbe der ganzen Körperhaut, so wie auch der sichtbaren Schleimhäute dunkelgelb, Excremente grau, lehmartig, Urin dunkel, — Zunge glatt, quergerunzelt, feucht, — Hüsteln, — Magerkeit; — Auscultation und Percussion ergaben in der Brust nichts Krankhaftes. Auffallend war die geringe Ausbreitung des Lebertones, während die Milz, der Percussion nach zu urtheilen, vergrössert schien. — Der Abscess im Gesicht ward geöffnet, worauf sich eine ähnliche Flüssigkeit wie aus dem Finger entleerte. Bald ward die Haut hier bläulich, die Secretion copiös, gar keine Neigung zur Granulation. An den Beinen und dem Zahnfleisch traten scorbutische Zeichen auf. — Mitte Januar's fängt der kleine Finger, der bis dahin unverändert geblieben war, an, stärker anzuschwellen und aus den Fisteln treten Wucherungen hervor; die Secretion wird sehr copiös, stinkend, es zeigt sich Crepitation im Gelenk. Unter Fieberbewegungen und gastrischen Erscheinungen werden Haut und Ligamente rasch zerstört, und der Finger, nur noch an den Sehnen hängend, wird abgeschnitten. 7. Februar. Absonderung aus dem Gesichtsabscess und Finger copiös, stinkend, intensiv gelb, jauchig; — es bildet sich Geschwulst der ganzen Hand, Phlegmone des Zellgewebes bis an den Ellenbogen, Vereiterung und Verjauchung desselben. Gleichzeitig Klage über grosse Schwäche, Druck in den Praecordien, schwacher, oft unregelmässiger Puls und Herzschlag, ängstliche Respiration mit feuchtem Knistern in den hintern und seitlichen Lungentheilen, trockne, glatte Zunge. Stühle und Urin wie früher, — der Leib weich bis zum 16ten, wo er sich sichtbar aber nicht sehr bedeutend auftreibt, und Fluctuation darbietet, ohne Schmerzäusserung von Seiten des Kranken aber mit sehr klein werdendem Pulse und erkaltenden Extremitäten. Zuletzt 3 Tage vor dem Tode, der am 18ten erfolgte, erschien noch plötzlich eine den früher beschriebenen ähnliche Geschwulst am rechten Unterkieferrande. — Section: Hirnschale weich, Hirnhäute normal, — Gehirnsubstanz fest. Beide Lungen fast frei, sehr voluminös, stark ödematös, Wasser gelbröthlich und schaumig. Der Herzbeutel enthält etwa 1 Pfund blutiger schwärzlicher Flüssigkeit, in der einige kleine schwärzliche Flocken schwimmen, die sich von den abgelagerten Pseudomembranen abgelöst zu haben schienen. Die innere Oberfläche des Herzbeutels ist nämlich mit einer dünnen, weichen, röthlichen Pseudomembranschicht überzogen, nach deren Entfernung die seröse Haut glatt und weisslich erscheint, mit einigen rothen Pinselstrichen und Streifen. Die äussere Oberfläche des Herzens mit einer theils membranösen, theils flockigen Schicht bedeckt, besonders an der Basis. Das Herz selbst komprimirt, enthält weissliche Coagula, Substanz livid, mürbe. Bauchhöhle: Bauch aufgetrieben, enthält 4 Pfund derselben schwärzlich blutigen Flüssigkeit. Die Peritoneal-Ueberzüge der Därme und Bauchwände durch eine Menge zelliger Fäden die ihrer Beschaffenheit nach zu urtheilen von verschiedenem Datum zu sein scheinen, mit einander verbunden, — eben solche Verbindungen fast zwischen allen Organen des Unterleibes. Besonders feste kurze Anheftungen von älterem Datum zeigte der Magen mit der untern Fläche des Zwerchfells, dem linken Leberlappen, der Milz u. s. w.

Die Farbe des Peritonaeums überall livid; unter demselben, wo es die Därme bekleidet, noch mehr aber an den Bauchwänden, eine grosse Anzahl sehr kleiner zugespitzter Blutaustretungen, zumal in der Regio hypogastrica und iliaca, wo auch einzelne festere weissliche Knötchen neben den Blutaustretungen wahrzunehmen sind. Der ganze Dünndarm durch Luft aufgetrieben, — Colon asc. und transv. mit weissen lehmartigen Faeces angefüllt, Colon desc. zusammengezogen. Mesenterialdrüsen atrophisch. Die Schleimhaut bot nirgends etwas Auffallendes dar. — Die Leber im Zustande der granulirten Atrophie mit flach-drüsiger Oberfläche; auf dem Durchschnitte gleichmässig lividbraun gefärbt, fest, reich an grünlich-röthlicher gallenartiger Flüssigkeit, die Gallenblase enthält nur eine wässrige Flüssigkeit von blassröthlicher Farbe, ihre Schleimhaut glatt, mehr einer serösen Membran ähnlich; in ihrem Halse an der innern Fläche finden sich zwei kleine drüsenartige Körper, welche den Durchgang zu versperren scheinen. Die untere Fläche der Leber stark mit dem Duodenum, dem vergrösserten und verhärteten Pancreas verwachsen. Milz gross, erweicht.

Zwölfte Beobachtung betrifft einen Fall von Scirrhus hepatis, dem zufolge gleichfalls intensiver Icterus, zuletzt scorbutische Erscheinungen an den äusseren Theilen auftraten und der gleichfalls mit einer Peritonitis haemorrhagica tödtlich auslief. Ich bemerke hier nur Einiges von der Section am 8. März 1842. Mässig abgemagerter Cadaver eines Mannes (Matrosen) von 40 Jahren, Hautfarbe intensiv gelb, an den Unterschenkeln kleine scorbutische Flecken, an den Oberschenkeln und zwar der vordern Fläche grosse Vibices. Schädel hart, fest, gelblich gefärbt, so auch die Hirnsubstanz, die auch wenig blutreich ist. Lungen voluminös, blutreich und etwas mürbe. Herz in der linken Hälfte erweitert, sehr fettreich. Leber sehr gross und schwer. Die Mitte des rechten Lappens in einen Scirrhus von der Grösse zweier Fäuste verwandelt. Dieser geht durch die ganze Dicke des Lappens, zeigt auf der Oberfläche weisse knorpelharte Höcker, und einen den Honigwaben ähnlichen Durchschnitt, in deren Zellen eine gelbliche den gequollenen Sagokörnern ähnliche Substanz enthalten ist. Die umgebende Substanz von normaler Farbe und Aussehn aber härter als gewöhnlich. Gallenblase zusammengezogen, ein trübe schleimige Flüssigkeit enthaltend, die untere Fläche des Halses an die Pars verticalis des Duodenum angewachsen und zerstört. Milz vergrössert. In den Därmen weisser lehmartiger Koth. Der Ausgangspunkt der Peritonitis schien in der Gegend des Duodenum zu sein, ihre anatomischen Kennzeichen wie im vorigen Fall.

Des folgenden Falles erwähne ich hier vorzüglich wegen der anatomischen Untersuchung der scorbutischen Vorgänge an den Beinen. Ausserdem ist auch die Lieblings-Verbindung zwischen Tuberculose und Scorbut hier zu bemerken.

Dreizehnte Beobachtung. Tuberculosis. Pleuritis. Scorbut. Iwan Sapajew, Matros, 27 Jahre alt, von schwächlichem Habitus kam am 21. Februar 1842 mit catarrhalischen Erscheinungen in's Hospital, die zwar bald etwas gelinder wurden, aber einen schnellen Puls, Schwächegefühl, Druck auf der Brust, häufig aufseufzenden Athem zurückliessen. Nach der Aussage des Kranken litt er an diesem Zustande erst seit kurzer Zeit. Gleichzeitig bemerkte man an den Beinen kleinere und grössere scorbutische Flecken, die ihrer Zahl und Ausdehnung nach bald zunehmen. Anfangs März wird die Respiration beschleunigter, Husten stellt sich ein, catarrhalisches rauhes Rasseln in einem grossen Theil der Brust, die Haut wird arid, — Diarrhöe mit Unterbrechungen. Später nehmen die Respirationsbeschwerden noch zu, ein pleuritisches Exsudat der rechten Seite hat sich ohne vorhergegangene sichtbare entzündliche Erscheinungen gebildet. Der Kranke kann damit auf beiden Seiten liegen, meist aber liegt er platt auf dem Rücken. Ende März. Zu den früheren scorbutischen Erscheinungen gesellen sich heftige Schmerzen zu den Seiten der Tibien, durch leises Berühren schon erhöht; dabei die Beine ödematös aber weich. Das Exsudat in der Brust hat zugenommen. Husten mit aufgelösten blutigen Sputis, Zunge wird schmutzig, trocken, die Kräfte nehmen ab. Am 6. April Tod. — Section am folgenden Tage. Untersuchung der Beine: Beide, besonders der rechte Unterschenkel, leicht ödematös und mit kleinen scorbutischen Flecken besäet, die meist dem Sitz der Härchen correspondirten, welche nur sehr lokker in ihren Bälgen festsassen. — Linker Unterschenkel: Ein Schnitt ward der ganzen Länge der Crista tibiae nach gemacht; unter der Haut etwas Oedem des Zellgewebes, die Fascia cruris und das Periosteum an der innern Fläche der Tibia normal; als ich aber dicht neben der Crista nach aussen die Fascia gespalten hatte, und die Muskeln abgetrennt, fand ich den mittlern Theil der äussern Fläche der Tibia ungefähr auf 3 Zoll der Länge und ihrer ganzen Breite vom Periosteum entblösst, rauh, bräunlich, aber nur ganz oberflächlich etwas erodirt, mürbe. Die Muskelschicht hing hier nur sehr locker an dem Knochen, zwischen beiden war eine schwarze dünne coagulirte Blutschicht ausgetreten und die Muskelsubstanz selbst etwas matsch und dunkler. — Rechter Unterschenkel: schon nach dem Hautschnitt, der gleichfalls der Länge nach gemacht war, schimmerte an dem ganzen mittlern Theil der Crista tibiae hin ein sugillirter Streifen durch die Fascia. Nachdem diese durchschnitten, traf ich auf einen Zwischenraum zwischen den Muskeln und der äussern Fläche der Tibia, welcher von einer etwa $1\frac{1}{2}$ Linien dicken, schwarzen, theils dicklich flüssigen, theils coagulirten Blutschicht ausgefüllt war. Das Periosteum war an der angeführten Stelle ganz zerstört, höher und tiefer schwammig, weich, die entsprechende Knochenfläche wie beim linken Unterschenkel, nur mürber und in weiterer Erstreckung verändert. Die anliegende Muskelschicht in einer Dicke von 4—5 Linien von Blut so infiltrirt, dass die faserige Beschaffenheit unkenntlich geworden war. Auf dem Durchschnitt der Tibia erwies sich die Rindensubstanz tiefer hinein als normal, die Marksubstanz schien weicher und blutreicher zu sein als gewöhnlich. Im Kniegelenk nichts Krankhaftes, obzwar auch dort im Leben Schmerzen empfunden worden waren. Das Periosteum des Cond. femoris intern. mit vielen feinen injicirten Gefässen durchzogen. — Die Muskeln des übrigen Körpers schlaff und bleich, leicht ödematös. — Schädel von gewöhnlicher Härte. Hirnhäute normal. Hirnmark zähe. Centraltheile weicher als normal. — In der linken Seite der Brust 2—3, in der rechten 5—6 Pfund blutigen Exsudats, die Pleura hier mit theils glatten, theils zottigen Faserstoff-Ablagerungen bedeckt, die letzteren besonders an der untern Hälfte. Die entsprechenden Lungentheile stark von schwarzem dissolutem Blute infiltrirt und überaus mürbe. Die oberen Parthieen beider Lungen enthalten eine zahllose Menge frischer miliärer Tuberkel, um welche herum das Lungengewebe ein gallertartiges Aussehen hat. — Im Herzbeutel etwa 2 Unzen blutig seröser Flüssigkeit, die Serosa glatt; Herz selbst welk, schlaff, ohne Coagula, das Endocardium und die innere Haut der grossen Gefässe und der Klappen intensiv livid gefärbt. — Magenschleimhaut durchgängig blass livid. — Leber schlaff, Parenchym hellbraun, wenig blutreich, — Milz klein, welk. — In der Bauchhöhle einige Pfunde blutig-seröser

Flüssigkeit, Peritonaeum glatt, weiss. — Därme blass, durch die Häute der Dünndärme schimmern livide, der Längenaxe nach gelagerte Streifen durch, auf der Schleimhautfläche frische Tuberkel-Ablagerungen und eine blutig infiltrirte Umgebung. Sonst die Schleimhaut normal. —

Im Verlauf des Monats April kamen noch mehrere Fälle von complicirtem, tuberkulösem (meist acutem) und scorbutischem Leiden vor, die tödtlich endigten, namentlich zwei durch Peritonitis haemorrhagica, wobei in Einem Falle eine fettige Leber und die Milz mit den sogenannten keilförmigen Körpern sich fand. — In demselben Monat, während der Scorbut ziemlich weit verbreitet war, kam eine Fractura femoris vor, deren Heilung durch einen allgemeinen scorbutischen Zustand des Kranken verhindert zu werden schien; er starb unter typhösen Erscheinungen einen Monat später; es fanden sich noch keine Spuren von Callus-Bildung um und an dem Knochen und ein auffallende dissolute Beschaffenheit des Blutes, der weichen und festweichen Theile, der Muskulatur und der Parenchyme. — Im Monat Juni (früher als sonst gewöhnlich die Darmkrankheiten mit Scorbut auftreten) starb ein Matros, der im Herbst des verflossenen Jahres an lange anhaltender Diarrhöe und gleichzeitigem Scorbut gelitten hatte. Er betrat mit scorbutischen Erscheinungen an den Beinen und dem Zahnfleisch das Hospital im April und bald darauf stellte sich die Diarrhöe wieder ein. Bei der Section fanden sich die oben angegebenen Veränderungen an der Schleimhaut. — In einiger Verbindung mit der herrschenden scorbutischen Diathese mag ein ausgezeichneter Fall von Purpura urticata gestanden haben, den ich in dieser Zeit beobachtete und wegen der Seltenheit dieser exanthematischen Form hier kurz beschreiben will.

Vierzehnte Beobachtung. Alexei Semenoff, von

der zweiten Invaliden - Equipage, 40 Jahre alt, gut und kräftig gebaut ist ausser häufigen Brustkrankheiten stets gesund gewesen. Nach vorhergegangenen leichten Fieberbewegungen bemerkte er am 28. Mai 1842 Flecken von der Grösse einer Erbse bis zu der eines Silbergroschens auf den Füssen und Unterschenkeln, von livider Farbe, erhaben über der Hautfläche, juckend, beim Druck etwas schmerzhaft und härtlich, wärmer als die Umgebung, sich allmählig vergrössernd. Nach ein paar Tagen sinkt die Mitte etwas ein und wird blässer, so dass ein lividrother erhabener härtlicher Ring nachbleibt. Dann flacht sich auch dieser allmählig ab, wird blasser, dann gelblich und nach 5 Tagen ist kaum eine Spur übrig; gleichzeitig verliert sich dann auch die Schmerzhaftigkeit. Später erschienen eben solche Flecke auf der rechten Hüfte und äussern Seite des Oberschenkels. — Am 3. Juni befindet sich die stärkste Eruption auf der linken Schulter, man sieht hier neu entstandene Flecken (deren Auflaufen der Kranke deutlich zu fühlen angiebt), neben schon blasser werdenden. Die neu entstandenen sind von der Grösse einer Erbse, und vergrössern sich dann bis zum Umfang eines Silber-Rubels (preuss. Thalers). Der Oberarm, obzwar kein Exanthem darbietend, ist in der Gegend des Biceps, und der Vorderarm an der Volarfläche etwas ödematös geschwollen, härtlich anzufühlen, wärmer und ein wenig schmerzhaft. Diese Beschaffenheit haben die Theile überall in der Nähe einer stärkern Eruption. Das Allgemeinbefinden ungestört. — 4. Juni ist die rechte Gesichtshälfte und die Augenlieder angeschwollen, blassröthlich, ödematös. Die Kopfhaut an manchen Stellen schmerzhaft und man fühlt auf ihr kleine Erhabenheiten. Gleichzeitig hat Patient Halsschmerzen bekommen; — der Rachen ist geröthet, die Mandeln etwas geschwollen; auf dem weichen Gaumen eine ähnliche Eruption wie auf der Haut, eine grössere und zwei kleinere Quaddeln. — Die Eruption auf der linken Schulter nimmt noch zu. Man sieht hier neben einander neue erbsengrosse gleichmässig lividroth gefärbte aufgelaufene Flecken, grössere von dem Umfange eines Silbergroschens bis zu dem eines Thalers. Man kann deutlich den Verlauf der einzelnen Flecke beobachten. Wenn sie, nachdem sie sich bis zu einem gewissen Umfang vergrössert haben, allmählig anfangen zu verschwinden (d. h. das Ergossene resorbirt wird), so geschieht dies in derselben Ordnung wie bei der Bildung. Daher wird zuerst die Mitte blass und flach, wodurch ein Ring nachbleibt, der auch allmählig seine Farbe verändert, schattirt wird, sich abflacht, bis er zuletzt ganz verschwindet. — Eine neue Eruption, aber meist von grösseren Flecken, hat auf dem rechten Unterschenkel in der vorigen Nacht statt gefunden. — Der Kranke befindet sich sonst gut, bis auf eine etwas belegte Zunge und Mangel an Appetit, welches zu einem Brechmittel veranlasst. Kein Fieber ist wahrnehmbar, der Urin ist klar und blass. — 5ten. Halsschmerz geringer, Röthe und Geschwulst des Gesichts mehr verbreitet. Zahlreiche neue Quaddeln auf Rücken und Extremitäten. Von älteren Eruptionen sieht man als Nachbleibsel einige grosse schattirte noch etwas erhabene Ringe; wo sie zusammenstossen, ist der Kreis unterbrochen. Die Anstrengung des Erbrechens scheint die neue starke Eruption befördert zu haben. — 6ten. Fast kein Schmerz mehr in den Extremitäten, indem das Exanthem hier überall in der Rückbildung begriffen ist. Die meisten Quaddeln finden sich noch an der hintern Seite des Körpers, Geschwulst des Gesichts besteht noch, so wie die Eruption auf dem Kopfe. — Urin blass, mit schleimigem Bodensatz, Stuhl normal. — 7ten. Geschwulst des Gesichts verliert sich allmählig, nur noch die Nase bleibt roth. Noch einige Quaddeln sind aufgeschossen. — 8ten ebenso. 9ten und 10ten. Es finden keine neuen Eruptionen mehr statt. Die grossen ring- und halbringförmigen schattirten Flecken verlieren allmählig ihre intensive Farbe. Alle Schmerzhaftigkeit und Spannung der Haut ist zugleich gewichen. Am 11ten und 12ten. Noch einige kleine Nachschübe finden auf den Unterschenkeln und der Hüftgegend statt, die sich aber nicht so vollkommen ausbilden, wie die früheren. Am 20sten wird der Kranke ohne alle Spur des Exanthem's entlassen. — Die Behandlung war fast ganz indifferent gewesen, bis auf das Emeticum; — anfangs nahm Patient eine Tamarindendecoct, — später Fruchtsäuren im Getränk. Ausserdem Verhütung vor Erkältung, warme Bedeckung. In der Wärme fühlte sich der Kranke wohler, indem dann der Schmerz in den Theilen, die vorzugsweise vom Exanthem befallen waren, geringer und das Jucken erträglicher wurde.

Von mehreren Fällen secundären Scorbuts, die im Verlaufe der Monate Mai und Juni vorkamen, erwähne ich nur zweier, von denen der eine, wie die Section erwies, durch eine Atrophie mit Cirrhose der Leber, bedingt war, und ausser den gewöhnlichen scorbutischen Erscheinungen noch eine ausgesprochene scorbutische Conjunctivitis zu Folge hatte mit einem Bluterguss in der vordern Augenkammer, — der andere dagegen mit einer Hypertrophie und Verhärtung der Leber in Verbindung stand, wobei sich eine sehr kleine welke Milz fand (während diese in allen Fällen von Atrophie der Leber vergrössert war), und im Leben gleichfalls eine scorbutische Augenentzündung neben anderen scorbutischen Symptomen auftrat. Im ersten Fall erfolgte der Tod durch eine Enteritis mucosa et serosa scorbutica, — im zweiten Falle durch Bronchitis und Pleuritis haemorrhagica. — In einem fernern Fall, wo sich Scorbut neben Tuberculosis entwickelt hatte, zeigte sich gleichfalls eine Conjunctivitis und Keratitis mit scorbutischem

Charakter. Auffallend war hier die letzte Periode der Krankheit, durch einen plötzlichen Wassererguss im Gehirn bedingt. Obzwar der Scorbut und die Tuberculose der Lungen deutlich und im hohem Grade entwickelt waren, so liess sich dennoch das Ende noch nicht so bald erwarten, als der Kranke, ein Matros von 35 Jahren, 18 Stunden vor dem Tode, nachdem er bis dahin immer umhergegangen, und sich relativ wohl befunden hatte, sich plötzlich niederlegte bewusstlos ward, comatös, dann soporös, bei ruhigem Athem, kalten Extremitäten, nach oben verdrehten Augen, klein werdendem Pulse. Bei der Section fand sich ein dicker fester Schädel, unter der Arachnoidea, die ihr normales Aussehen hatte, viel Wasser ergossen, das ganze Gehirn ausnehmend wässrig und weich; die Ventrikeln durch klares Serum stark ausgedehnt, die angrenzenden Theile ganz breiig. —

Den folgenden Fall führe ich noch ausführlicher an, indem er in mancher Hinsicht instructiv ist.

Fünfzehnte Beobachtung. Pericarditis und Pleuritis exsudatoria sanguinolenta. Wassili Bobroff, 30 Jahr alt, von athletischem Körperbau, ist nach seiner Aussage sonst stets gesund gewesen, bis auf einige scorbutische Affectionen und ein Fieber, das er als intermittirendes beschreibt, und woran er im verflossenen Jahre gelitten habe. Am 27. Mai 1842 kam er in's Hospital wegen Schmerzen der unteren Extremitäten, die durch Bewegung gesteigert, vorzüglich in den Kniegelenken ihren Sitz hatten, und als scorbutische bezeichnet wurden. Gleichzeitig litt er an einem leichten Durchfall, der ohne Mittel sistirte. Das Allgemeinbefinden war ungestört, — auffallend nur ein kleiner, weicher, häufiger (90 in der Minute) Puls. In den folgenden Tagen dauern die Gliederschmerzen fort, die Steifigkeit der Kniee nimmt zu, es gesellt sich Geschwulst hinzu, aber ohne erhöhte Wärme und Farbeveränderung; — am

4. Juni. Husten mit schaumigen, weissen Sputis. Respiration etwas beschleunigt, catarrhalische Geräusche in der rechten Lunge; Herzschlag und Arterienpuls wie früher; — Gefühl von Oppression in den Praecordien; Excretionen normal. Venaesectio von ℥x; Mixt. nitrosa; — Hautreize an die Peripherie des Körpers, Schröpfköpfe auf die Brust. — Dieser Veränderung im Kranken waren keine Fieber - Symptome vorausgegangen. 5ten und 6ten. Respiration immer beschwerlich, obzwar die Untersuchung keine auffallende Veränderung in den Lungen nachweist. Die Herztöne, obzwar schwach, wie früher, sind deutlich zu hören, haben etwas Klingendes, ihr Rhythmus ist regelmässig; die Percussion in der Herzgegend deutet auf keinen bedeutenden Erguss. — Am 9ten wird der Puls sehr schwach, nach einigen schnellen weichen Schlägen scheint er unter den Fingern gleichsam zu verschwinden, hebt sich aber dann wieder etwas u. s. w. Ebenso sind die Herzschläge verändert, doch sind sie noch hörbar, und von einem schwach blasenden Geräusch in den Ventrikeln begleitet. Die Regio epig. und hypoch. dextra sind aufgetrieben. Rückenlage, — grosses Schwächegefühl. Excretionen frei. Haut an den Extremitäten kühl. Teint erdfahl. Sensorium ungetrübt. Es war kein Zweifel, dass ein Erguss in den Herzbeutel erfolgt sein musste, doch blieb auffallend, dass der Percussionston nicht in grösserem Umfang dumpf und die Herztöne noch so deutlich zu hören waren. Der Erguss konnte noch nicht bedeutend sein. — Der Kranke nimmt Digitalis mit Scilla; — Vesicator auf die Brust; — Reibungen und Sinapismen an den Extremitäten. 11ten. Sehr schwacher, entfernter Herzschlag, die Percussion aber nicht in gleichem Maasse dumpf. Arterienpuls kaum zu fühlen. Die Respirationsgeräusche überall hörbar, der Thorax dehnt sich gut aus. Die Regio epig. und hypoch. dextra noch mehr aufgetrieben.

Auf dem Rücken hat sich eine Acne scorbutica ausgebildet, — die Beine sind etwas ödematös. Urin copiös, dunkel, crud; Leib offen. 13ten. In der vorigen Nacht ist die ganze rechte untere Extremität angeschwollen, hart, bläulich, kühl, gespannt, den Fingerdruck behaltend, schmerzhaft, mit Purpura scorbutica besäet. Athembeschwerden geringer, Husten unbedeutend; die objectiven Symptome am Herzen wie früher; Zunge und Extremitäten kühl. Urin reichlich, mit einem kegelförmigen schleimigen Sediment. — Kali carb. mit Acet. scill. saturirt, mit Spir. nitri dulcis. Säuren. Hautreize an die oberen Extremitäten. — 15ten. Auch die linke untere Extremität ist angeschwollen. — Im untern linken Lungenlappen feuchte Crepitation, sonst keine Veränderung in den objectiven Symptomen, Schwäche nimmt zu; den Athem giebt der Kranke als erleichtert an. Kühle der Peripherie. Urin copiös. 16ten. Herzschläge deutlicher als früher. 17ten und 18ten Erysipel auf der linken Thoraxhälfte, breitet sich über die ganze vordere Brustfläche aus, sonst keine Veränderung. 19ten und 20sten. Dispnoe scheint geringer zu sein, auch der Herz- und Pulsschlag sind regelmässiger. Geschwulst der unteren Extremitäten hat etwas abgenommen. Die Crepitation im linken Lungenlappen hatte wieder aufgehört, statt dessen ein dumpfer Percussionston in geringem Umfange. Man glaubte den Kranken in der Besserung. Statt dessen starb derselbe in der folgenden Nacht, wo er nicht beobachtet worden war. — Section: 30 Stunden nach dem Tode. Hirnhäute und Substanz mit Blut überfüllt. Oedem der Haut auf der Brust, dem Bauch, den Beinen; aus den Einschnitten klares Wasser ausfliessend, wo das Erysipel bestanden hatte, etwas röthlich gefärbt. Muskeln blass, weich; auf den Hüften und Oberschenkeln blaue Flatschen; auf den Unterschenkeln feine Stippen; auf den Schultern Acne. — Nach Entfernung des Brustbeins mit den Rippenknorpeln trat der Herzbeutel um das Vierfache erweitert hervor; die äussere Fläche mit röthlich lividen Pseudomembranen überzogen, die an manchen Stellen, besonders gegen die linke Lunge hin, in dicken gallertartigen Klumpen anhingen, und ziemlich schwer abzuziehen waren. Beim Einschneiden in den Herzbeutel flossen 4—5 Pfund der bekannten blutigen Flüssigkeit aus. Beim Abfliessen über die glatte Fläche des Tisches sah man dünne Ströme, die fast wasserhell, und andere, die deutlich mit mehr färbenden Bestandtheilen vermischt waren. Die innere Herzbeutelfläche mit einer dünnen lividen, leicht abstreifbaren Schicht überzogen, unter welcher die seröse Haut meist glatt, aber auch an einigen Stellen durch durchschimmernde Streifen, Striche und Flecken gefärbt war. Die Basis des Herzens, so wie die vordere Fläche mit der bekannten moosartigen Schicht überzogen, die sich leicht abstreifen und zwischen den Fingern zu einem weisslichen Brei zerreiben liess. Der seröse Ueberzug des Herzens darunter mattglänzend, gelbröthlich, etwas verdickt. Die Spitze des Herzens durch eine feste bandartige Verbindung, — deutlich in Folge eines frühern Processes, über den der Kranke keine Auskunft gegeben hatte, entstanden, — mit dem Herzbeutel verwachsen, wodurch das Herz in die Länge gezogen war, indem gleichzeitig der ausgedehnte Herzbeutel die Basis des Herzens mit den grossen Gefässen nach oben hin gezogen hatte. Die Muskelsubstanz sehr welk, bleich; innere Herzfläche nicht verändert. Klappen livid. In dem rechten Ventrikel, im Vorhof bis tief in die Vena cava inf. hinab schwarze Coagula. — In beiden Brusthälften blutiges Exsudat. Am untern linken Lungenlappen eine zottige Faserstoff-Ablagerung, die entsprechende Costalpleura aber mit glatten, dünnen Schichten überzogen. Die Substanz der Lunge hier splenisirt. — Im rechten Pleurasack die Pleura injicirt, livid aber ganz glatt ohne Ablagerung; in ihrer Höhle 2 Pfund blutiger Flüssigkeit. Lungensubstanz gesund. — Leber gross, blutreich, — Milz nicht verändert, — Nieren blutreich. Alle Venen des Unterleibes angefüllt. — Die Anwachsung der Herzspitze scheint die Ursache gewesen zu sein, dass die Herztöne nicht in dem Maasse verschwanden, wie dies sonst der Fall ist. Der Erguss aber, wie er bei der Section angetroffen ward, mag vielleicht erst in der letzten Nacht durch einen neuen Nachschub so bedeutend geworden sein, sonst hätte ihn die Percussion schon früher anzeigen müssen. —

Sechzehnte Beobachtung. Morb. maculosus Werlhofii mit einem nach einer Febr. interm. entstandenen Milztumor. Ich füge noch diesen am hiesigen Orte beobachteten Fall hinzu, in welchem das Causalverhältniss des Wechselfiebers zum Scorbut und Morb. maculosus Werlhofii durch die veranlasste Milzkrankheit, hervortritt.

R., 17 Jahr alt, von schwächlichem, florid-phthisischem Habitus, hat seit ein paar Jahren schon öfters an Catarrhen und flüchtigen Schmerzempfindungen in der Brust gelitten. Im verflossenen Sommer 1842 im Monat Juli und August war er 6 Wochen hindurch von einer Febr. interm. tert. heimgesucht worden, die ihn endlich nach einem kurzen Chiningebrauch verlassen hatte. Seitdem aber litt er verschiedentlich an Verdauungsbeschwerden, Mangel an Appetit, meist Stuhlverstopfung, drückendem Schmerz und Auftreibung in der linken Oberbauchgegend, und am rechten Unterschenkel über dem äusseren Knöchel bildete sich nach einer unbedeutenden Contusion ein Geschwür, das bald alle Kennzeichen eines scorbutischen annahm, sich aber nicht sehr ausbreitete; gleichzeitig will der Kranke auch ein paar blaue diffuse Flekken in der Gegend des Schienbeins bemerkt haben, die ich beim ersten Krankenbesuch am 22. October vorfand. Ich traf den Kranken in einem äusserst dürftigen, feuchten, engen Zimmer und erfuhr, dass sich sein Zustand seit 3 Tagen verschlimmert habe, indem am ganzen Körper blaue Flecken ausgebrochen seien, wozu sich in der vorigen Nacht ein bedeutender Blutfluss aus der Nase gesellt habe. In der That fand ich auch jetzt den Kranken in seinem Blute fast schwimmend; ein augenblicklicher Stillstand der Hämorrhagie trat nur ein, wenn einige weiche Coagula sich vor die Nasenöffnung gelegt hatten. Vorzüglich war es das linke Nasenloch, aus welchem das schwarze dünnflüssige Blut hervorquoll, beim Zuhalten desselben zeigten sich aus dem rechten nur wenige Tropfen. Auf dem ganzen Körper zerstreut, besonders aber auf den oberen Extremitäten, zahlreiche linsen- bis bohnengrosse schwarzblaue begrenzte Flekken, deutliche Ecchymosen. An den Unterschenkeln eben solche, und ausserdem noch die angegebenen von früherer Entstehung und das scorbutische Geschwür. Bei der Besichtigung des Unterleibes fiel sogleich die aufgetriebene Regio epigastr. und hypochondr. sin. auf. Durch Betasten ergab sich hier ein härtlicher, gegen Druck empfindlicher, dumpf resonirender, bis an die Linea alba, hinauf bis an die Herzgrube, hinab bis in die Regio iliaca sinistra reichende Geschwulst, die nur von der Milz herrühren konnte. Die Hautdecken über derselben gespannt, bläulich geadert. Sonst war der Leib weich, unschmerzhaft, Stuhl normal, Uebelkeit, aber kein Erbrechen, besonders beim Aufrichten mit Schwindel verbunden, Zunge roth, glatt, trocken, — Urin dunkel, wie mit Blut gefärbt, — beschwerlicher Athem ohne objective Symptome in den Lungen, ausser einem dumpfen Percussionston in der rechten Subclavicular-Gegend und rauhem Athemgerausch ebendaselbst (wohl nicht im Zusammenhang mit der gegenwärtigen Athembeschwerde, die mehr durch die Milzanschwellung bedingt war), — ausserordentliche Blässe der Haut, grosse Muskelschwäche, sehr frequenter, kleiner Puls, mässig warme Temperatur des Körpers. — Die erste Indication war eine Indicatio vitalis, nämlich der Verblutung vorzubeugen. Zu diesem Behuf wurden sogleich kalte Umschläge auf Stirn und Nase gemacht, und diese mit in Alaun-Auflösung getränkter Charpie tamponirt. Innerlich das Elixir. acid. Hall. zu 10 Tropfen alle halbe bis ganze Stunde gegeben und der ganze Körper öfter mit Essig abgewaschen. Auf die Milzgegend ein permanenter Umschlag mit Essig. — Am 23sten und 24sten bekam ich den Kranken selbst nicht zu Gesicht, erfuhr aber, dass das Nasenbluten schon am 22sten nach dem Tamponiren nicht wiedergekehrt war. Am 25sten fand ich den Kranken noch bleich, aber weniger kraftlos, den Puls gehoben und weniger frequent, die Zunge feucht, die Flecken auf der Haut blässer, die Milzanschwellung um ein Bedeutendes geringer, und fast gar nicht mehr empfindlich. Alles sprach dafür, dass die Ueberfluthung mit dissolutem Blute wieder zurückgetreten sei. Ich verordnete ein Infus. calami mit Elix. vitr. Myns., wobei sich allmählig die Kräfte wieder einfanden und der Puls sich regulirte, so wie bei dem später in Anwendung gezogenen Ferr. sulphuric. die Milzanschwellung immer geringer ward, wenn auch immer noch fühlbar blieb. Das cachectische Aussehen blieb nach wie vor, aber mehr der bestehenden Tuberculosis entsprechend und als Habitus phthisicus floridus sich offenbarend, denn als eine Milzkrankheit oder Wechselfieber-Habitus ausdrückend. Das scorbutische Geschwür heilte langsam zu. —

Gedruckt bei Julius Sittenfeld.